KLEINE MÖBEL schnell gebaut

Lampe, Spiegel, Tisch & mehr

Pierre Lota
Entwürfe & Fotografien

KLEINE MÖBEL schnell gebaut

Lampe, Spiegel, Tisch & mehr

CV

INHALT

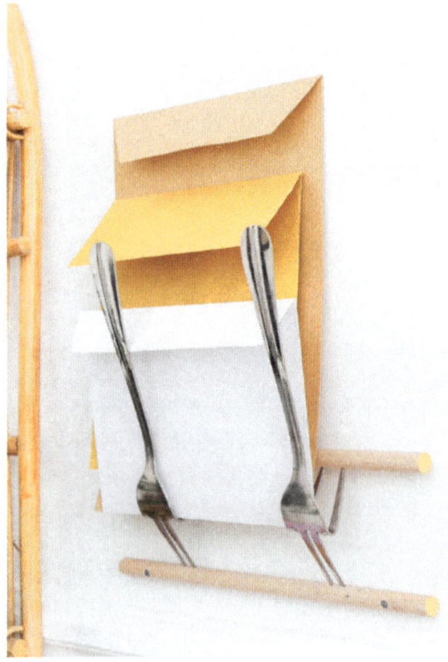

Mit den Projekten aus diesem Buch ist es möglich, individuelle Einrichtungsgegenstände zu gestalten. Nimm für deine Deko eine Prise Humor, ein Quäntchen Poesie und einen Hauch Design und funktioniere damit Alltagsgegenstände um. Mache aus Winkeln, Rahmen, Skateboards oder Besteck etwas Neues und baue daraus ganz einfach eine Lampe, ein Regal oder einen Tisch ...

Hauche gewöhnlichen Alltagsdingen ein neues Leben ein und erschaffe so eine originelle, unkonventionelle Möblierung, die deiner Wohnung einen ganz besonderen Charakter verleiht.

Diese DIY-Projekte sind mit nur zwei wichtigen Werkzeugen leicht zu realisieren: einer Akku-Bohrmaschine und einer Stichsäge. Die nötigen Techniken sind schnell gelernt und für die Projekte benötigt man jeweils nur wenig Zeit.
Die Ergebnisse sind verblüffend. **Es gibt also keinen Grund, sich nicht gleich ans Werk zu machen!**

DIE 10 GEBOTE DES HEIMWERKERS

1.
Immer eine Schutzbrille tragen, wenn Material geschnitten, gebohrt oder zusammengesetzt wird.

2.
Vor dem Arbeiten überprüfen, ob das Werkzeug gut funktioniert.

3.
Bevor eine Schraube in ein Brett geschraubt wird, das Loch zunächst mit einem Bohrer und Bohraufsatz für Holzschrauben, der einen kleineren Durchmesser als die Schraube hat, vorbohren.

4.
Beim Zusammensetzen eines Objekts oder Möbelstücks überprüfen, dass die Einzelteile im richtigen Winkel liegen und perfekt aneinanderpassen.

5.
Niemals die Hand vor ein Werkzeug halten.

6.
Für eine gute Zeitplanung am besten vor Beginn der Arbeit alle Einzelteile zurechtlegen.

7.
Sicherstellen, dass vor jeder elektrischen Installation (Kabel, Steckdose, Stecker und Schalter) der Strom ausgeschaltet ist.

8.
Leinöl oder eine Glasur als Schutz auf Holz auftragen.

9.
Den Arbeitsraum regelmäßig lüften, wenn Lack oder Farbe verwendet wird.

10.
Den Arbeitsplatz nach beendeter Arbeit aufräumen.

WERKZEUG FÜR DEN PERFEKTEN HANDWERKER

Schutzbrille

Arbeitshandschuhe aus Leder

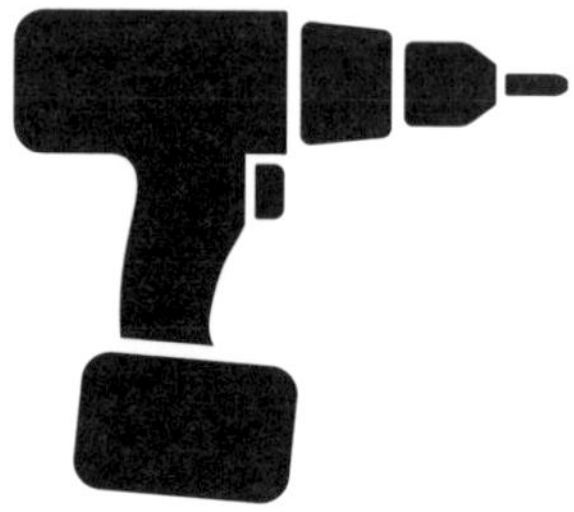
Akku-Bohrmaschine

Stichsäge

Lochsäge

Holzbohrer in unterschiedlichen Stärken

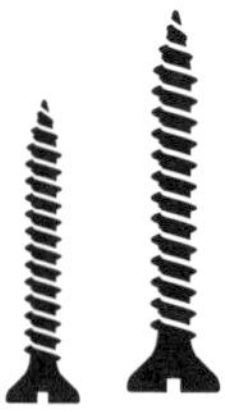
Unterschiedlich große Schrauben

Kreppband

Doppelseitiges Klebeband

Fuchsschwanz

Flachzange

Spannungsprüfer

Schraubendreher

Abisolierzange

Winkelmaß

Hammer

Maßband und Lineal

Bleistift

Heißkleber

Zwei-Komponenten-Kleber

Farbe

Flachpinsel in verschiedenen Größen

Holzleim

DEKO-
OBJEKTE

EIN WINKEL, EIN SKATEBOARD, KLEINE LÖFFEL ... EIN PAAR BRETTER, ETWAS KLEBER UND FARBE: MIT ALLTÄGLICHEN GEGENSTÄNDEN GANZ INDIVIDUELLE DEKORATION KREIEREN!

Schwierigkeitsgrad: **leicht** · Zeit: **30 Min.** · Kosten: **unter 20 €**

UNTERSETZER **WINKEL**

WERKZEUG

- 1 Akku-Bohrmaschine
- 1 Holzbohrer, 4 mm ø
- 1 Rolle Kreppband
- 1 Schutzbrille

MATERIAL

Polypropylen-Kordel, 1 m lang und 2,8 mm ø
Polypropylen-Kordel, 25 cm lang und 2,8 mm ø

2 Wandwinkel aus Holz, 10 x 15 cm
2 Wandwinkel aus Holz, 15 x 20 cm
2 Wandwinkel aus Holz, 20 x 25 cm

TECHNISCHE ZEICHNUNG SIEHE SEITE 109

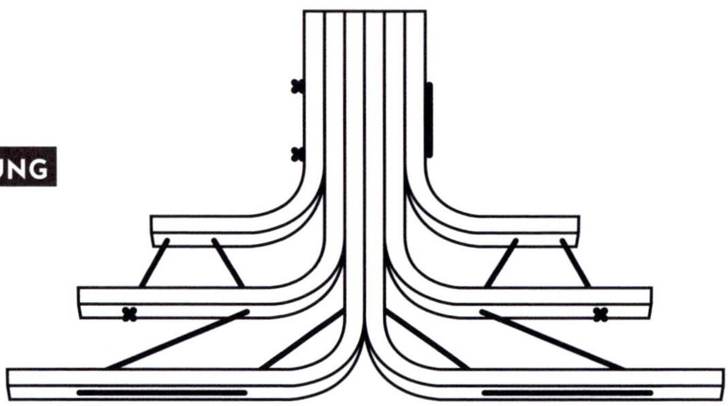

1 An den kurzen Enden der beiden 10 x 15 cm großen Winkel mit 1 cm Abstand zur Kante je ein zusätzliches Loch bohren. Dadurch wird in den Schritten 4 bis 6 die Kordel gezogen.

2 Die sechs Winkel zusammenlegen und mit Kreppband fixieren.
Durch alle sechs Winkel zwei Löcher bohren, durch die die 25 cm lange Kordel gezogen werden kann.

3 Die 25 cm lange Kordel durch die Löcher ziehen und an beiden Enden mit einem Knoten sichern.

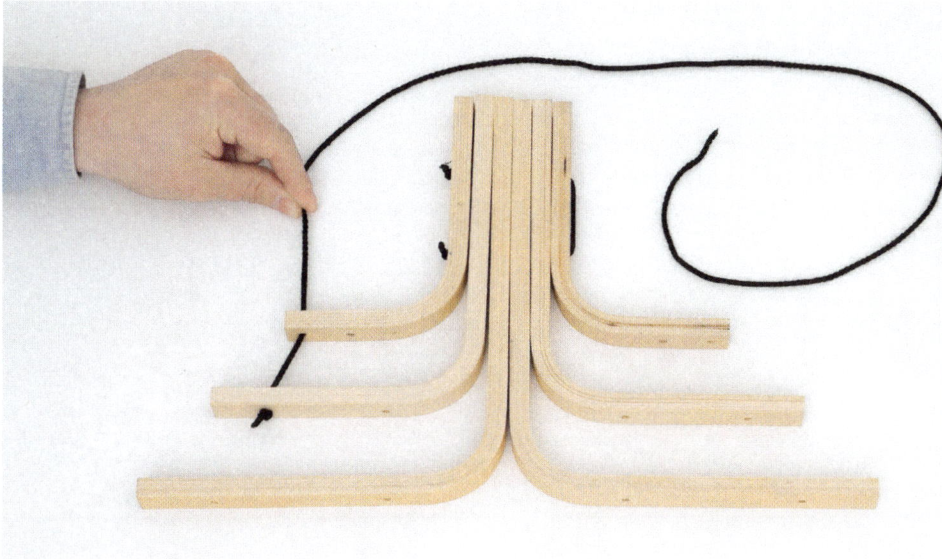

4

In das Ende der I m langen Kordel einen Knoten legen und die Kordel durch die links außen liegenden Löcher des mittleren und oberen Winkels ziehen.

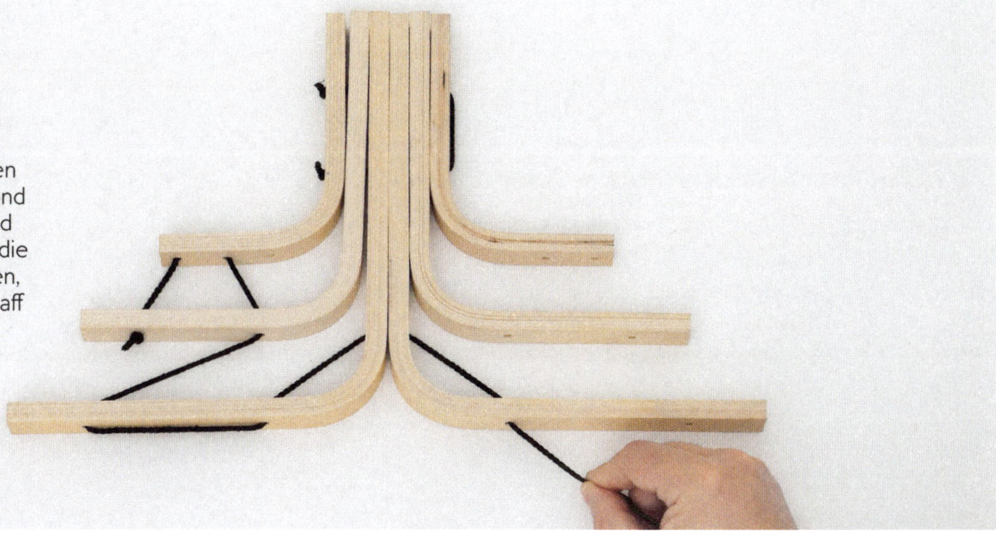

5

Die Kordel von oben in die rechts liegenden Löcher des oberen und mittleren Winkels und dann, wie gezeigt, in die unteren Winkel führen, dabei stets schön straff ziehen.

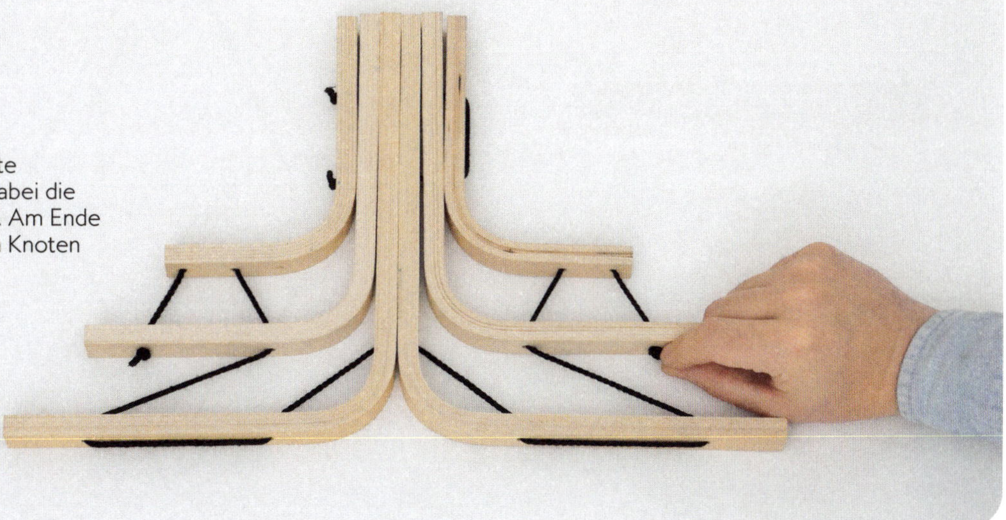

6

Auf der anderen Seite gegenläufig fädeln, dabei die Kordel stets straffen. Am Ende die Kordel mit einem Knoten sichern.

Schwierigkeitsgrad: **leicht** · Zeit: **30 Min.** · Kosten: **unter 50 €**

REGAL
SKATEBOARDS

WERKZEUG

- 1 Akku-Bohrmaschine
- 1 Holzbohrer, 6 mm ø
- 1 Schutzbrille

MATERIAL

2 Polypropylen-Kordeln, je 2,30 m lang und 5 mm ø

2 Skateboard-Bretter aus Holz

4 Wandschrauben, 5 cm lang und 4 mm ø
4 passende Wanddübel

TECHNISCHE ZEICHNUNG SIEHE SEITE 110

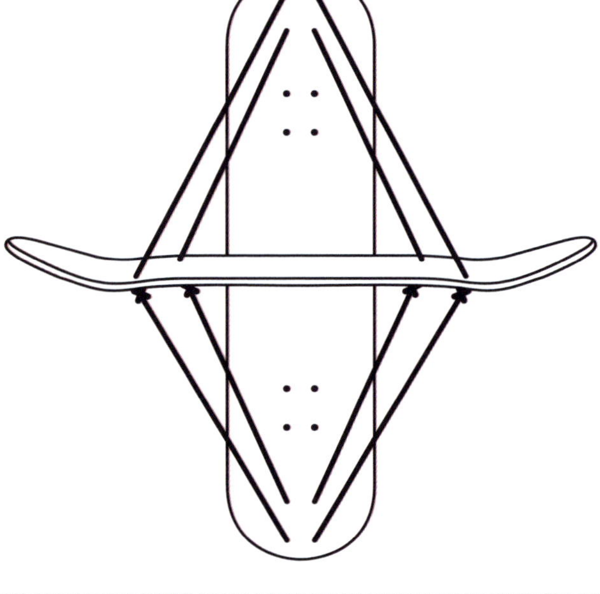

1 Gemäß der technischen Zeichnung in ein Brett acht Löcher bohren, dabei die Löcher an den bereits vorhandenen Löchern ausrichten und die gleichen Abstände einhalten.

2 Eine Kordel durch die zweiten Löcher von oben ziehen. Jeweils die Position der dritten Löcher von oben und unten an der Wand markieren. Das Brett am oberen Ende mit zwei Schrauben und Dübeln an die Wand montieren.

3 Das untere Ende ebenfalls mit Schrauben fixieren.

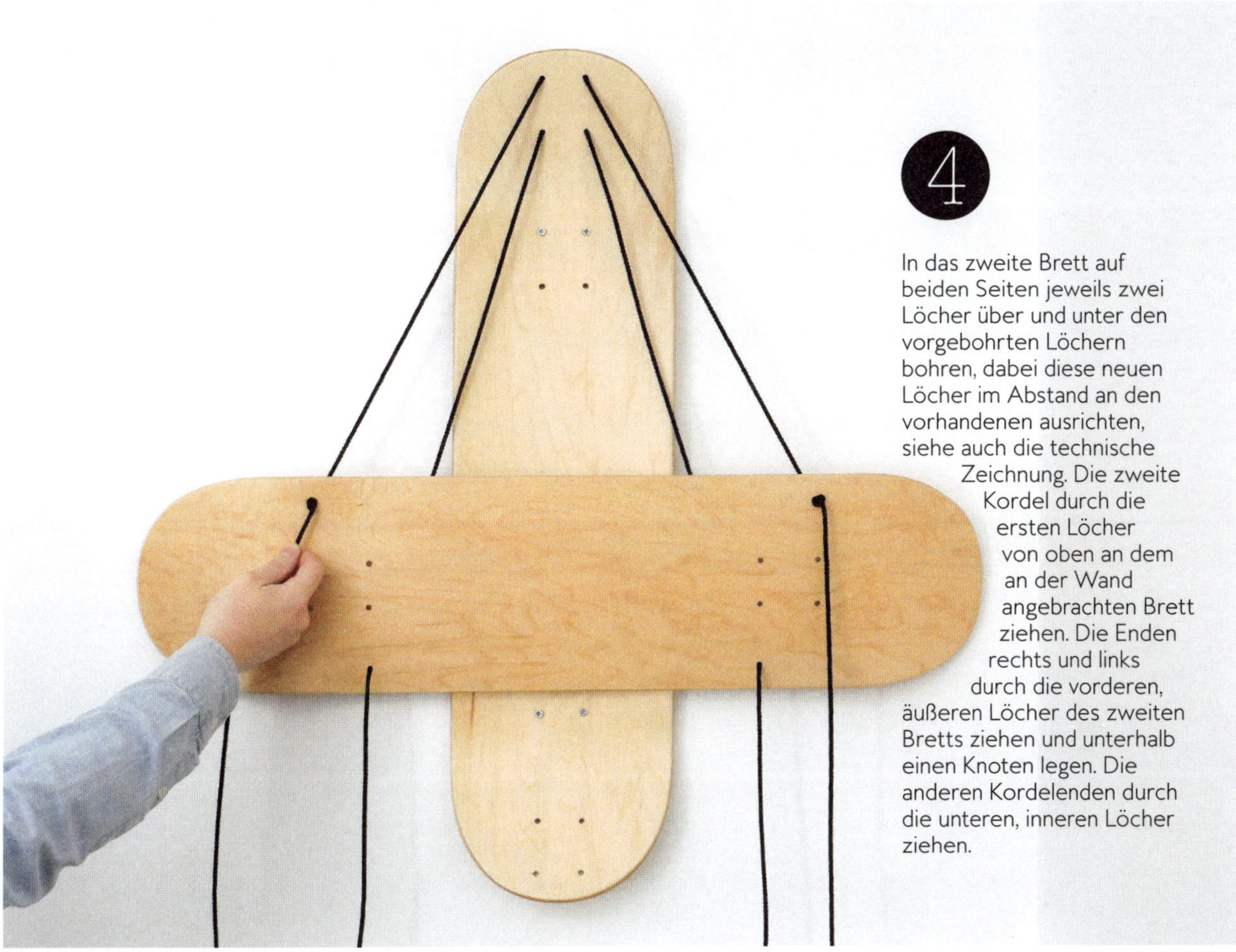

4

In das zweite Brett auf beiden Seiten jeweils zwei Löcher über und unter den vorgebohrten Löchern bohren, dabei diese neuen Löcher im Abstand an den vorhandenen ausrichten, siehe auch die technische Zeichnung. Die zweite Kordel durch die ersten Löcher von oben an dem an der Wand angebrachten Brett ziehen. Die Enden rechts und links durch die vorderen, äußeren Löcher des zweiten Bretts ziehen und unterhalb einen Knoten legen. Die anderen Kordelenden durch die unteren, inneren Löcher ziehen.

5

Das zweite Brett nach vorne aufrichten, in eine waagerechte Position bringen und unterhalb Knoten in die noch losen Kordel legen.

6

Die Kordeln durch die unteren Löcher führen, auf der Rückseite verkreuzen und straff ziehen. Die Enden miteinander verknoten.

Schwierigkeitsgrad: **leicht** · Zeit: **1 Std.** · Kosten: **unter 40 €**

WANDLAMPE **WINKEL**

WERKZEUG

- 1 Akku-Bohrmaschine
- 1 Holzbohrer, 7 mm ø
- 1 Fuchsschwanz
- 1 Spannungsprüfer
- 1 Schutzbrille

MATERIAL

5 Wandwinkel aus Holz, 23 x 28 cm

1 Fassung E27 mit Schraubring

1 LED-Birne E27 mit 400 Lumen

1 Zugentlastung

3 m Elektrokabel, 6 mm ø

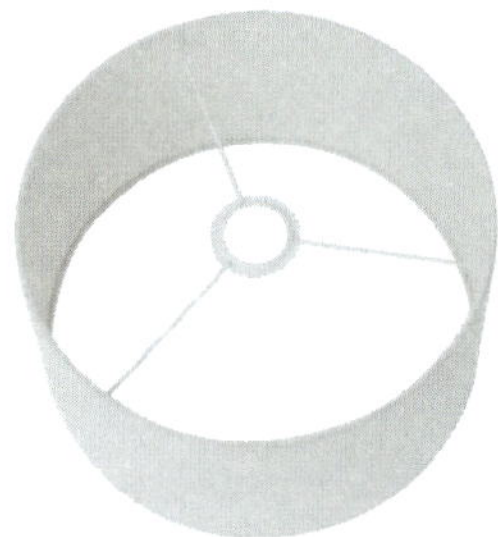

1 Lampenschirm, 18 cm hoch und 30 cm ø

1 Fichte/Tanne-Kantholz, 50 cm lang und 35 x 35 mm Kantenmaß

4 Holzschrauben, 15 mm lang und 4 mm ø
4 Holzschrauben, 4 cm lang und 4 mm ø
4 Wandschrauben, 5 cm lang und 4 mm ø
2 passende Dübel für die Wandschrauben

1 Stecker

1 Lichtschalter

TECHNISCHE ZEICHNUNG SIEHE SEITE 109

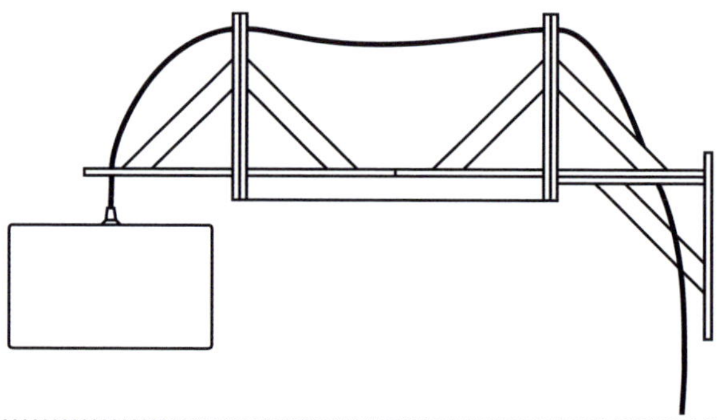

Raymond Queneau

1 Zwei Winkel mit den längeren Kanten aneinanderlegen und mit einer 15 mm langen Schraube zusammenfügen. Das Kantholz auf 44 cm Länge zurechtsägen.

2 Das Kantholz bündig mit einer kurzen Kante an einen der Winkel legen und mit einer 4 cm langen Schraube fixieren, die Schraube dabei mittig anbringen.

3 Das Ende der langen Kante dieses Winkels mit einer 4 cm langen Schraube ebenfalls am Kantholz befestigen.

4 Zwei weitere Winkel auf dieselbe Weise aneinanderfügen und am anderen Ende des Kantholzes befestigen. Das fertige Stück mit dem Kantholz nach unten zeigend hinlegen. Die Löcher in den senkrechten Streben beider Winkel sowie am Ende der waagerechten Strebe des linken Winkels, mit einem 7-mm-Bohrer vergrößern. Eine Lampenfassung an ein Ende des Elektrokabels montieren und das Kabel durch die Löcher führen.

5

Den verbliebenen Winkel an der Wand positionieren und mit den 5 cm langen Schrauben und Dübeln anbringen. Die LED-Birne in die Fassung schrauben und den Lampenschirm darauf montieren.

6

Das Werkstück auf den an die Wand montierten Winkel setzen und mit einer 15 mm langen Schraube fixieren.

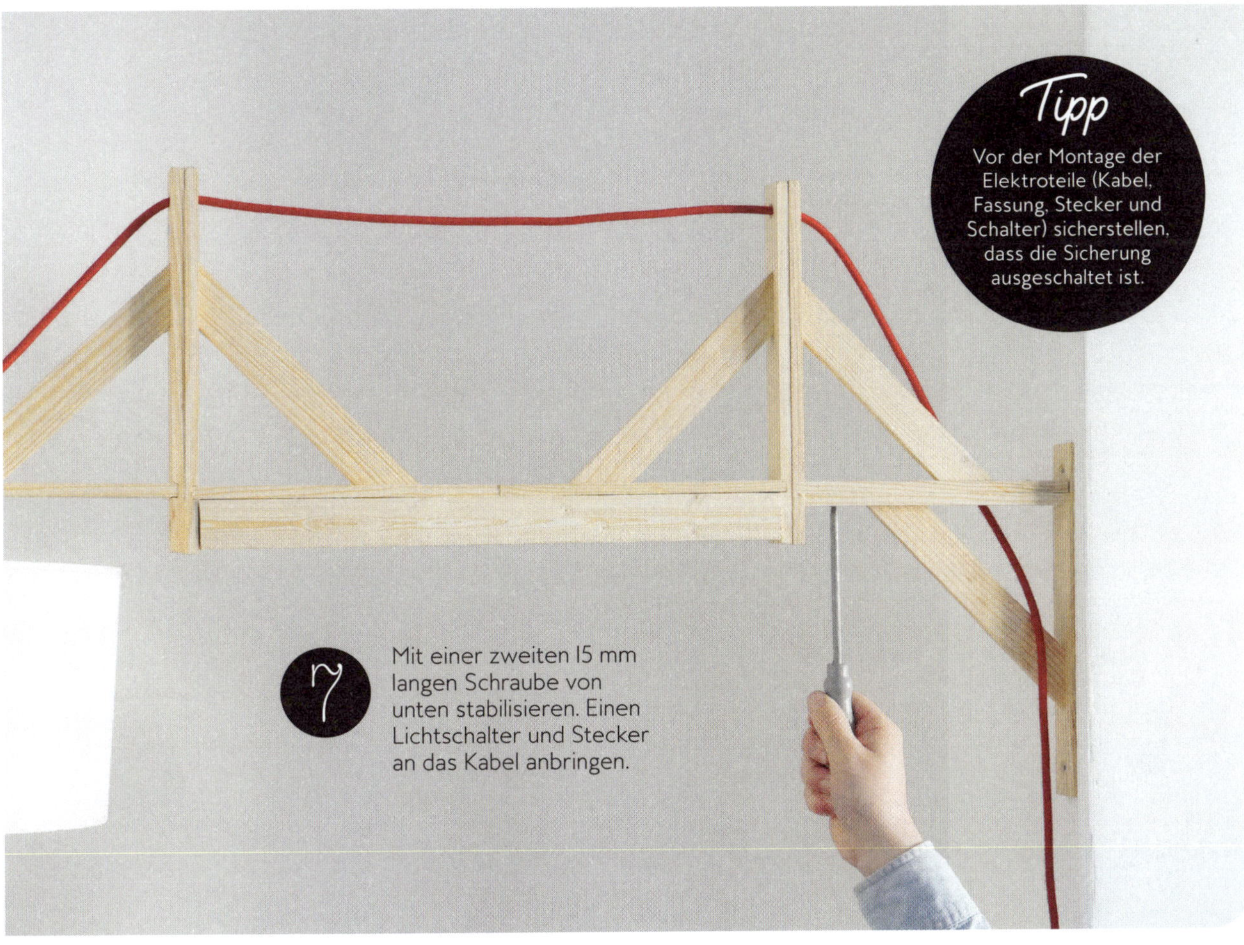

Tipp

Vor der Montage der Elektroteile (Kabel, Fassung, Stecker und Schalter) sicherstellen, dass die Sicherung ausgeschaltet ist.

7

Mit einer zweiten 15 mm langen Schraube von unten stabilisieren. Einen Lichtschalter und Stecker an das Kabel anbringen.

Schwierigkeitsgrad: **sehr leicht** · Zeit: **30 Min.** · Kosten: **unter 10 €**

HAKEN
TISCHTENNISSCHLÄGER

WERKZEUG

- 1 Akku-Bohrmaschine
- 1 Holzbohrer, 3 mm ø
- 1 Fuchsschwanz
- 1 Bleistift
- 1 Schutzbrille
- 1 Schleifgerät oder Schmirgelpapier

MATERIAL

1 Fichte/Tanne-Kantholz, 14 cm lang und 25 x 25 mm Kantenmaß

2 Holzschrauben, 2 cm lang und 4 mm ø
2 Wandschrauben, 7 cm lang und 4 mm ø
2 Wanddübel für 4 cm lange Schrauben mit 4 mm ø

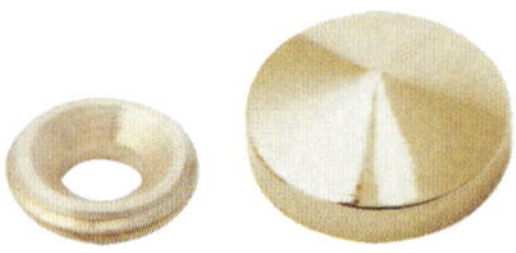

2 Abdeckkappen aus Metall

2 Tischtennisschläger

TECHNISCHE ZEICHNUNG SIEHE SEITE 110

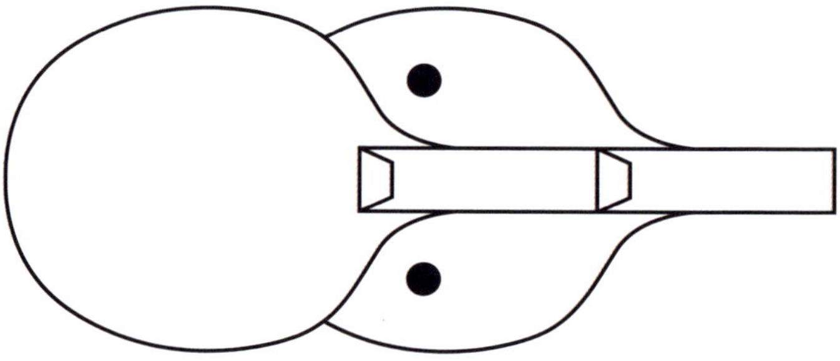

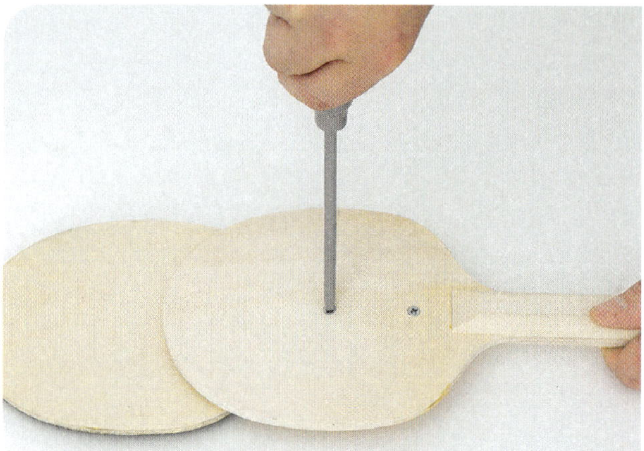

1 Die Tischtennisschläger in Wasser legen, damit sich die Kunststoffbeschichtung löst. Diese abziehen, die Schläger trocknen lassen und glatt schmirgeln. Die Schläger dann so übereinanderlegen, dass die Griffe aneinanderstoßen. Die Schläger mit zwei 2 cm langen Schrauben auf Höhe des Griffs des unten liegenden Schlägers verbinden.

2 Das 14 cm lange Kantholz mittig auf die Rückseite des oberen Schlägers legen. An der oberen und unteren langen Kante des Kantholzes zwei Linien markieren.

3 Mittig zwischen diesen beiden Linien, jeweils 3 cm neben der Außenkante, mit dem 3-mm-Bohrer auf beiden Seiten ein Loch bohren.

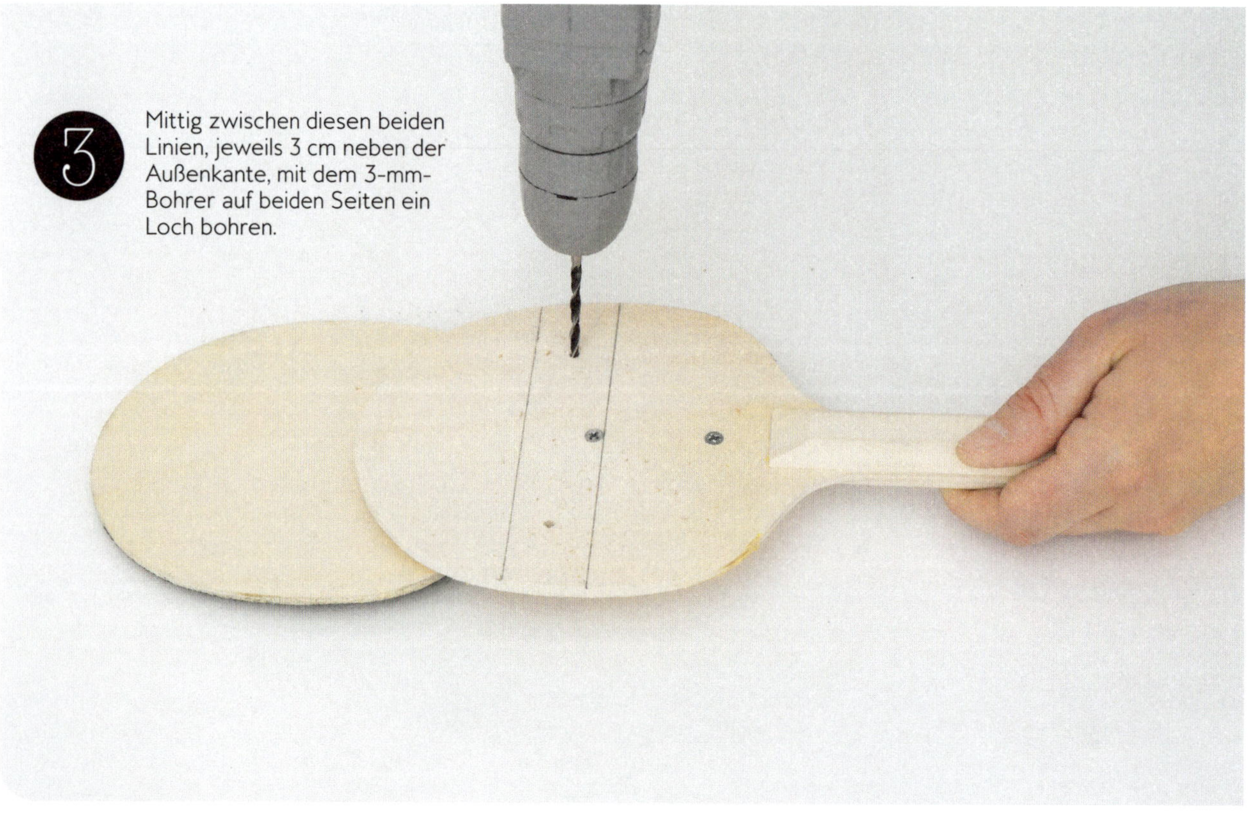

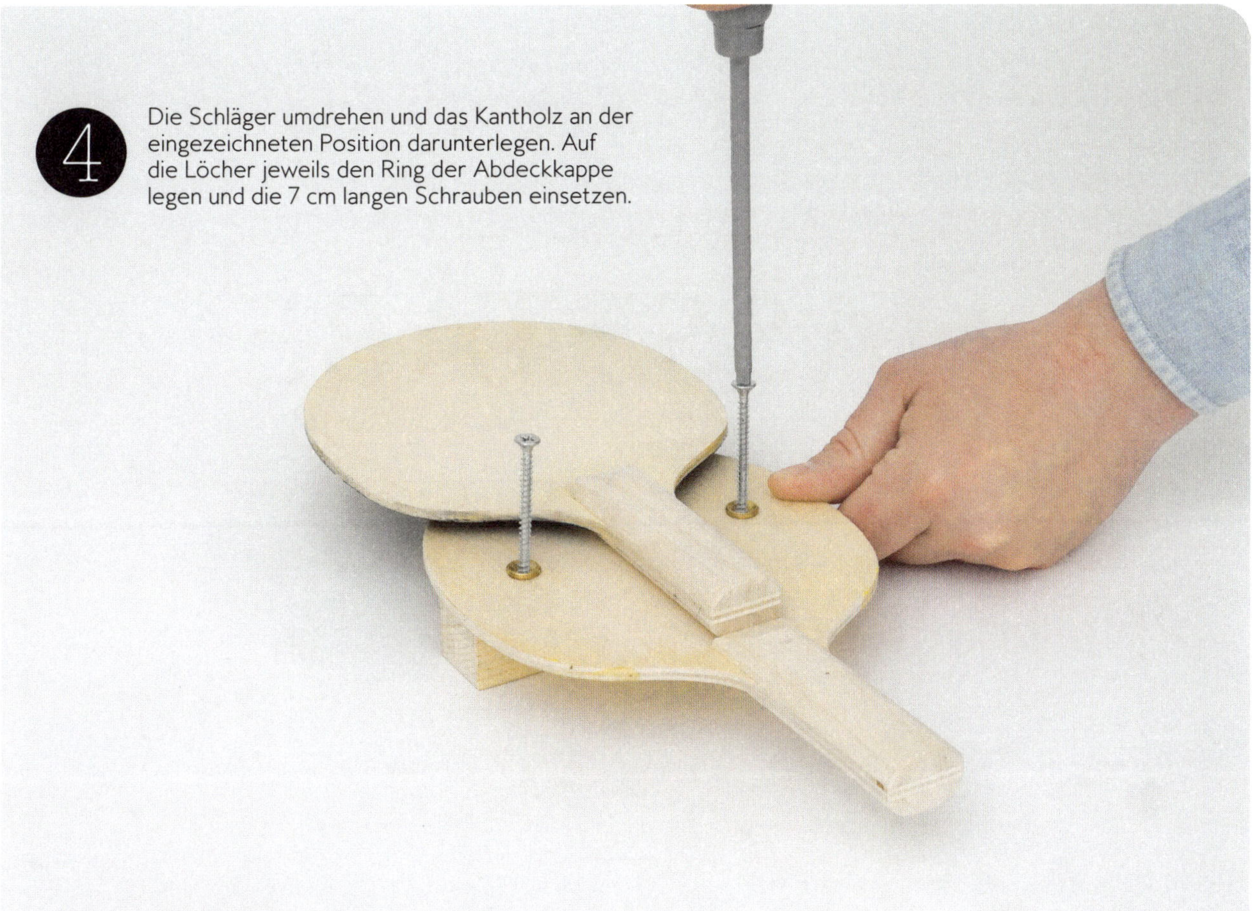

4 Die Schläger umdrehen und das Kantholz an der eingezeichneten Position darunterlegen. Auf die Löcher jeweils den Ring der Abdeckkappe legen und die 7 cm langen Schrauben einsetzen.

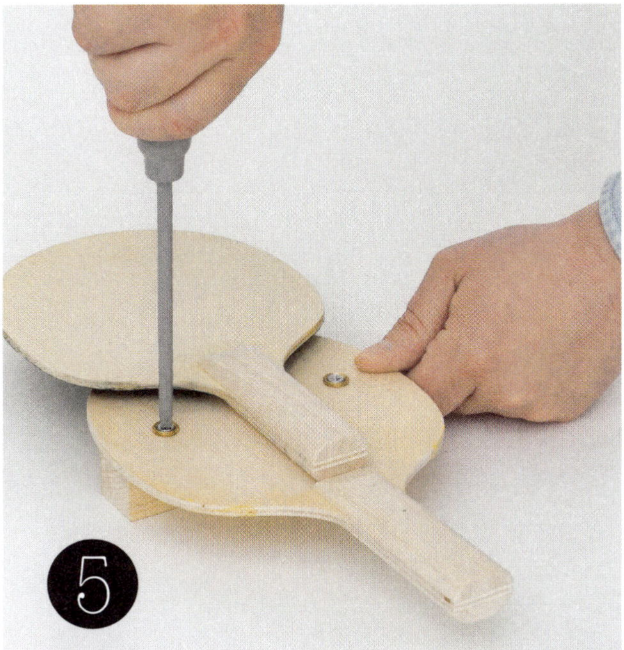

5 An der Wand, passend zu diesen Schrauben, Markierungen anbringen und dort die Dübel montieren. Zum Schluss die Schrauben so tief in die Dübel schrauben, dass die Köpfe nicht mehr zu sehen sind.

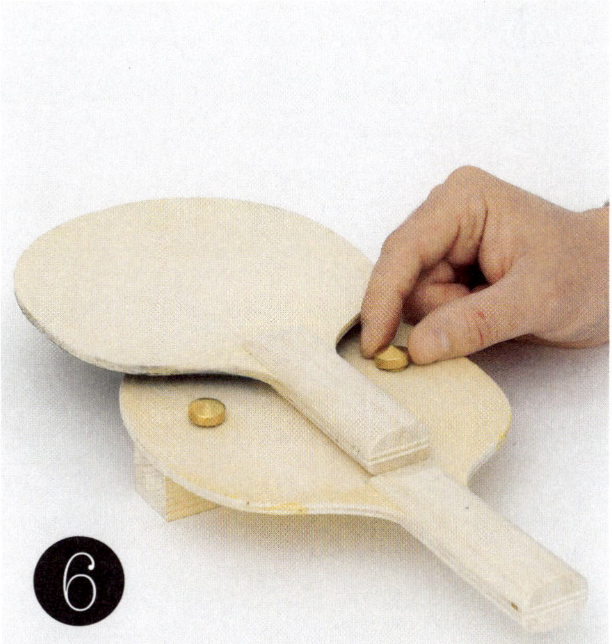

6 Die Abdeckkappen aufschrauben.

Schwierigkeitsgrad: **sehr leicht** · Zeit: **30 Min.** · Kosten: **unter 15 €**

SPIEGEL
MASSSTÄBE

WERKZEUG

- 1 Zirkel
- 1 Heißklebepistole
- 1 Rolle doppelseitiges Klebeband für Spiegel
- 1 Schutzbrille

MATERIAL

6 Maßstäbe aus Holz

1 Birkensperrholzplatte, 5 mm stark und 22 cm ø

1 Spiegel, 15 cm ø

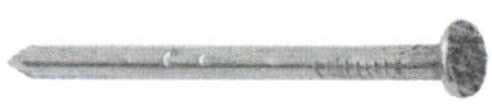

1 Nagel, 3 cm lang und 1,8 mm ø

TECHNISCHE ZEICHNUNG SIEHE SEITE 111

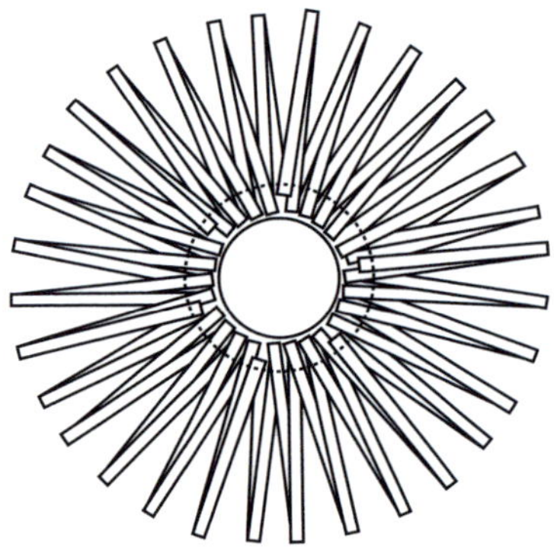

FISCHER DAREX

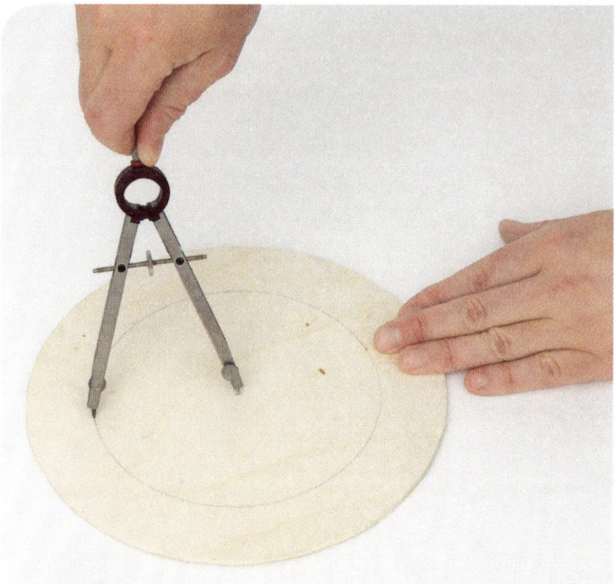

1

Für die Position des Spiegels auf der Sperrholzplatte mit dem Zirkel mittig einen Kreis mit 15 cm Durchmesser aufzeichnen.

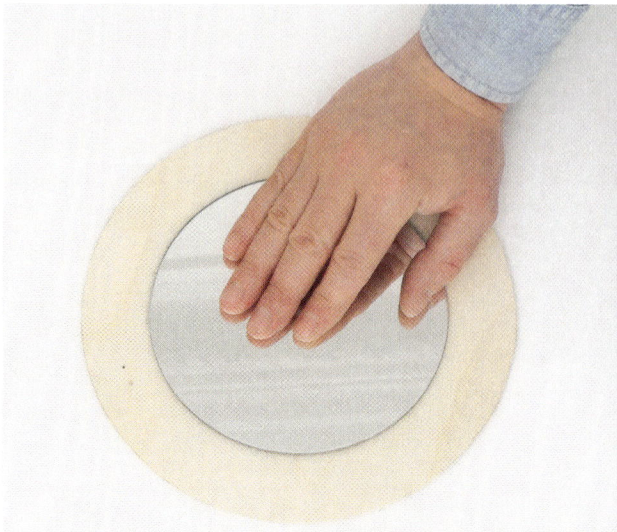

2

Den Spiegel mit doppelseitigem Klebeband in den eingezeichneten Kreis kleben.

3

Einen Maßstab, wie auf dem Foto gezeigt, zickzackartig auffalten.

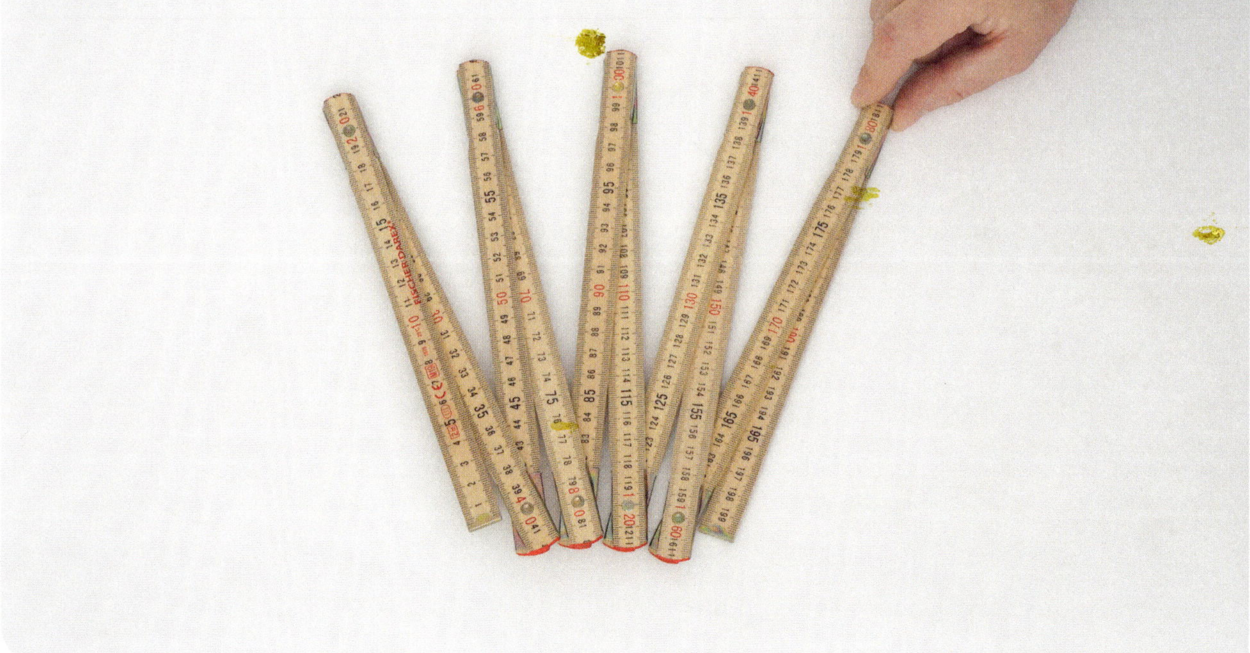

4

Den Maßstab mit Heißkleber auf das Holz kleben.

5

Einen weiteren Maßstab ebenso aufkleben, dabei darauf achten, dass die Enden unauffällig verbunden werden.

6

Die restlichen Maßstäbe auf dieselbe Weise anbringen. Den Spiegel mit dem Nagel an die Wand hängen.

Schwierigkeitsgrad: **leicht** · Zeit: **1 Std.** · Kosten: **unter 32 €**

TISCHLAMPE **WINKEL**

WERKZEUG

- 1 Akku-Bohrmaschine
- 1 Holzbohrer, 10 mm ø
- 1 Spannungsprüfer
- 1 Heißklebepistole
- 1 Flachzange
- 1 Schutzbrille

MATERIAL

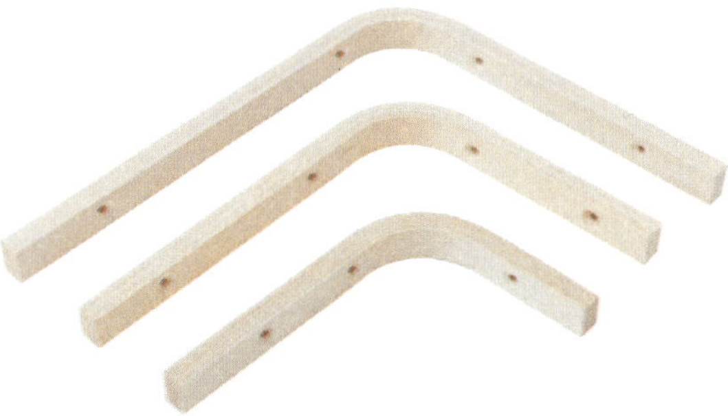

2 Wandwinkel aus Holz, 10 x 15 cm
2 Wandwinkel aus Holz, 15 x 20 cm
1 Wandwinkel aus Holz, 20 x 25 cm

1 Elektrokabel mit Schalter und Stecker

1 Lampenschirm, 13 cm hoch und 13 cm ø

Sechskantmutter, 10 mm ø

Muffe mit Außengewinde, 25 mm lang und 10 mm ø

1 Fassung E14 mit Schraubring
1 LED-Birne E14 mit 400 Lumen

TECHNISCHE ZEICHNUNG SIEHE SEITE 112

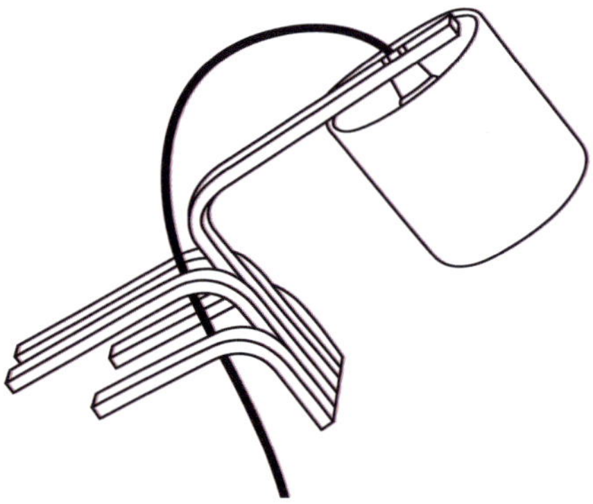

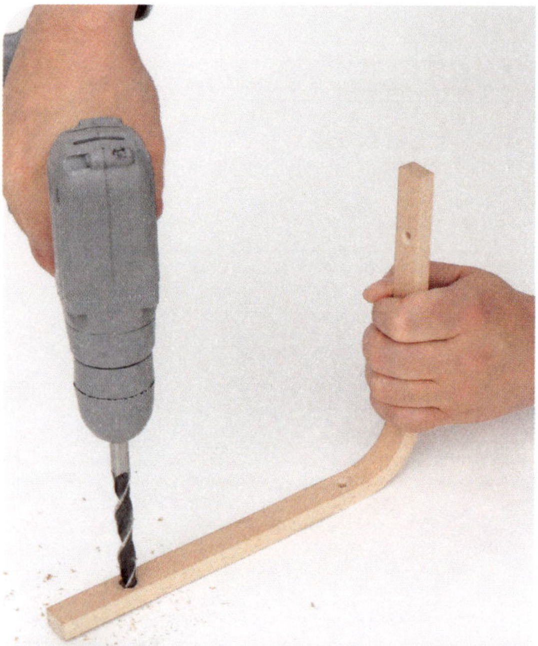

1 Am längeren Schenkel des 20 x 25 cm großen Winkels das Bohrloch mit einem 10-mm-Bohrer vergrößern.

2 Die kürzeren Schenkel von drei Winkeln (den großen zuunterst mit dem längeren Schenkel nach links, ein mittlerer in der Mitte und ein kurzer zuoberst jeweils mit dem längeren Schenkel nach rechts) aufeinanderlegen und mit Heißkleber fixieren.

3 Das Werkstück umdrehen und die beiden übrigen Winkel mit den längeren Schenkeln nach rechts ebenfalls daraufkleben, dabei liegt der kleinere zuoberst.

4 Die Fassung auseinanderschrauben. Die Muffe auf die Kappe der Fassung schrauben.

5 Die Muffe in das in Schritt I vergrößerte Loch stecken und die Mutter mit der Zange festziehen.

6

Das Kabel durch die Muffe führen und die Fassung daran montieren. Den Lampenschirm anfügen und die LED-Birne einsetzen.

Tipp

Vor der Montage der Elektroteile (Kabel, Fassung, Stecker und Schalter) sicherstellen, dass die Sicherung ausgeschaltet ist.

Schwierigkeitsgrad: **sehr leicht** · Zeit: **1 Std.** · Kosten: **unter 10 €**

REGAL **HOLZKISTE**

WERKZEUG

- 1 Akku-Bohrmaschine
- 1 Holzbohrer, 3 mm ø
- 1 Schutzbrille
- 1 Dose gelbe Farbe
- 1 Zange

MATERIAL

1 Holzkiste, 40 x 40 x 11 cm

Kiefernholzbretter, 18 mm stark:
2 Bretter, 10 x 12 cm
2 Bretter, 10 x 18 cm
1 Brett, 10 x 18,3 cm
1 Brett, 10 x 20,2 cm

14 Holzschrauben, 5 cm lang und 4 mm ø
2 Wandschrauben, 5 cm lang und 4 mm ø
2 passende Dübel für die Wandschrauben

2 Unterlegscheiben,
4 mm Innendurchmesser

TECHNISCHE ZEICHNUNG
SIEHE SEITE 112

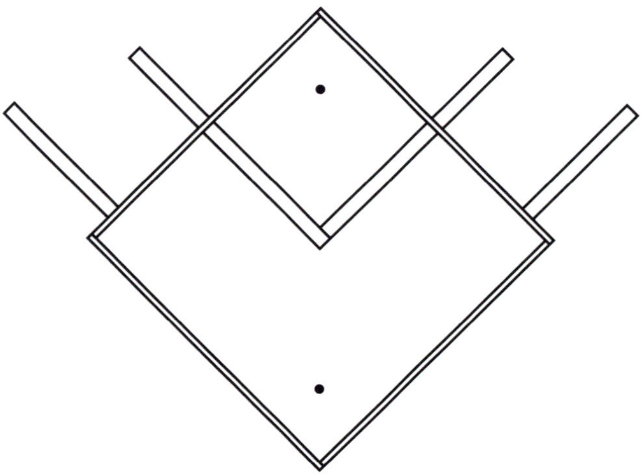

Jean Giono
Voyage en Italie
J. SARAMAGO
MANUEL DE PEINTURE ET DE CALLIGRAPHIE
J.D. Salinger
Elisa Shua Dusapin
Hiver à Sokcho
Romain Gary
La vie devant soi
Elena Ferrante
L'amie prodigieuse
Romain Gary
Les cerfs-volants
Raymond Queneau

Eines der 10 x 18 cm großen Bretter mit einer kurzen Kante mit zwei Holzschrauben mit 1,5 cm Abstand zur Ecke von außen an die Kiste montieren.

Auf dieselbe Weise eines der 10 x 12 cm großen Bretter in der Mitte an die Kiste schrauben.

Den Vorgang mit einem weiteren 10 x 18 cm und einem 10 x 12 cm großen Brett an der über Eck liegenden Seite der Kiste in spiegelverkehrter Anordnung wiederholen.

4

Das 10 x 20,2 cm und das 10 x 18,3 cm große Brett mit Holzschrauben im rechten Winkel montieren und in die Kiste legen. Dabei sollen diese Bretter in Verlängerung der außen befestigten kürzeren Bretter liegen.

5

Die innen liegenden Bretter mit zwei Holzschrauben von der Kistenunterseite aus befestigen.

6

Die befestigten Holzbretter sowie zwei Dreiecke auf dem Kistenboden gelb anstreichen. Zwei Dübel in der Wand anbringen und das Regal dort mit Schrauben befestigen, dabei zwischen Schraube und Holz eine Unterlegscheibe legen.

Schwierigkeitsgrad: **mittel** · Zeit: **30 Min.** · Kosten: **unter 10 €**

SPIEGEL **UNTERSETZER**

WERKZEUG

- 1 Akku-Bohrmaschine
- 1 Stichsäge
- 1 Holzbohrer, 3 mm ø
- Zwei-Komponenten-Kleber
- 1 Bleistift
- 1 Schutzbrille
- 1 Dose gelbe Farbe
- 1 Zange

MATERIAL

1 Terrakotta-Untersetzer, 13 cm ø
1 Terrakotta-Untersetzer, 19 cm ø

2 Kiefernholzbretter, 10 x 31 cm und 18 mm stark

1 Birkensperrholzplatte, 5 mm stark und 15,5 cm ø

1 Spiegel, 10 cm ø

4 Holzschrauben, 4 cm lang und 4 mm ø

TECHNISCHE ZEICHNUNG SIEHE SEITE 113

1 Die Holzbretter mit der Stichsäge jeweils an einer kurzen Kante abschrägen, sodass eine lange Kante 31 cm und die andere lange Kante 30 cm misst.

2 Die beiden Bretter so auf die Sperrholzscheibe legen, dass sie mit einer kurzen Kante aneinanderstoßen und ein „A" bilden. Die Konturen der Bretter aufzeichnen.

3 Innerhalb der aufgezeichneten Konturen vier Löcher in die Scheibe bohren, dabei diese jeweils gleich hoch ausrichten.

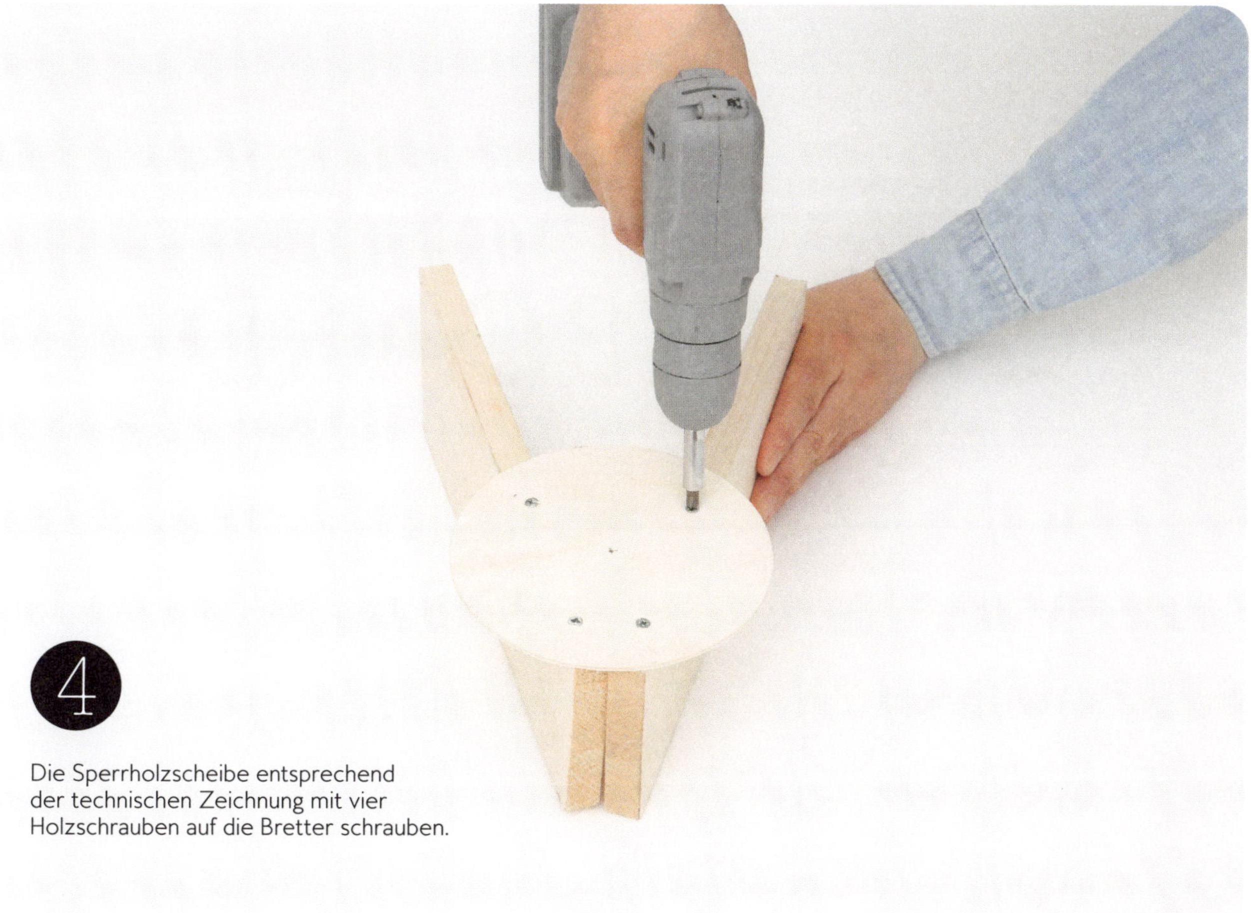

4

Die Sperrholzscheibe entsprechend der technischen Zeichnung mit vier Holzschrauben auf die Bretter schrauben.

5

Mit Zwei-Komponenten-Kleber den kleineren Untersetzer in den größeren kleben, dann den Spiegel auf den kleineren kleben.

6

Die Sperrholzscheibe mit Zwei-Komponenten-Kleber auf die Rückseite des größeren Untersetzers kleben. Die Spiegelhalterung gelb anstreichen.

Schwierigkeitsgrad: **mittel** · Zeit: **1 Std.** · Kosten: **unter 30 €**

SOFATISCH
SKATEBOARD

WERKZEUG

- 1 Akku-Bohrmaschine
- 1 Holzbohrer, 3 mm ø
- 1 Holzbohrer, 10 mm ø
- 1 Zange
- 1 Schutzbrille
- 1 Dose schwarze Farbe

MATERIAL

1 Skateboard-Brett aus Holz

4 Kiefernholzbretter, 8 x 37,5 cm und 18 mm stark

2 Fichte/Tanne-Kanthölzer, 40 cm lang und 35 x 35 mm Kantenmaß

2 x 1,70 m Polypropylen-Kordel, 2,8 mm ø

2 Kupferrohre, 36 cm lang und 10 mm ø
2 Kupferrohre, 48 cm lang und 10 mm ø

12 Holzschrauben, 4 cm lang und 4 mm ø

TECHNISCHE ZEICHNUNG SIEHE SEITE 114

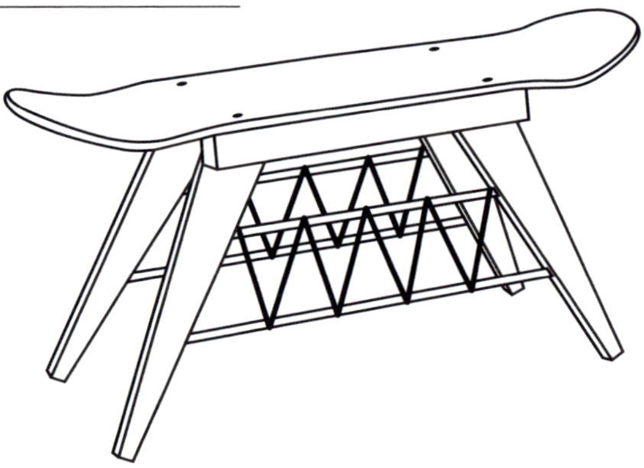

1 Für die Tischbeine die vier Holzbretter mit der Stichsäge entsprechend der technischen Zeichnung zurechtsägen. Mit dem 10-mm-Holzbohrer zwei 1 cm tiefe Löcher an der längeren Schmalkante in jedes Bein bohren. Das erste Bein mit zwei Holzschrauben an einem Ende eines Kantholzes befestigen.

2 Ein langes und ein kurzes Kupferrohr in die Löcher des ersten Tischbeins stecken, das kürzere neben das Kantholz.

3 Ein weiteres Tischbein auf die Kupferrohre stecken und mit Schrauben am Kantholz befestigen.

4 Eine Kordel am kürzeren Rohr festknoten, dann in Zacken zwischen den Rohren spannen, dabei nach jeder Verbindung einen Knoten legen.

5 Mit dem 3-mm-Bohrer an einer langen Kante zwei Löcher in das Skateboard-Brett bohren und eine Tischbeinstrebe an diesen Stellen festschrauben.

6 Ebenso mit den beiden anderen Tischbeinen verfahren und die Strebe dann am Skateboard-Brett befestigen. Die Tischbeine schwarz anstreichen.

Schwierigkeitsgrad: **leicht** · Zeit: **1 Std.** · Kosten: **unter 10 €**

WANDUHR **BILDERRAHMEN**

WERKZEUG

- 1 Akku-Bohrmaschine
- 1 Holzbohrer, 4 mm ø
- 1 Heißklebepistole
- 1 Winkelmaß
- 1 Hammer
- 1 Schutzbrille
- 1 Dose schwarze Farbe
- 1 Zange

MATERIAL

1 schwarzer Bilderrahmen, 18 cm Seitenlänge

1 schwarzer Karton, 350 g/m² und 18 cm Seitenlänge

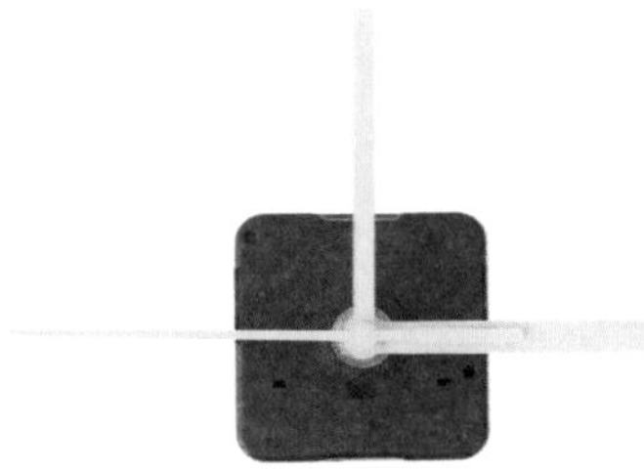

1 Quartz-Uhrwerk

1 Nagel, 3,5 cm lang und 1,8 mm ø

12 Fichte/Tanne-Kanthölzer, 30 cm lang und 13 x 13 mm Kantenmaß

TECHNISCHE ZEICHNUNG SIEHE SEITE 114

1

Den Bilderrahmen auseinandernehmen und das Glas entfernen. In die Mitte des schwarzen Kartons ein Loch bohren und dort das Uhrwerk anbringen. Das Papier in den Rahmen legen.

2

Zwei Kanthölzer im rechten Winkel aneinanderkleben.

3

Dasselbe mit zwei weiteren Kanthölzern wiederholen und alles zu einem Rahmen zusammenfügen. Auf diese Weise zwei weitere Rahmen anfertigen.

4

Den Bilderrahmen in die Ecke eines hellen Holzrahmens kleben.

5

Den zweiten Holzrahmen so auf den ersten kleben, dass er bündig an den freien Kanten des Bilderrahmens liegt.

6

Den dritten Holzrahmen auf den zweiten kleben, dabei mittig zum Bilderrahmen ausrichten. Die Holzrahmen schwarz anstreichen. Mit dem 4-mm-Bohrer ein 1 cm tiefes Loch auf der Rückseite am oberen Rand in den Bilderrahmen bohren und dort die Uhr mit dem Nagel an die Wand hängen.

Schwierigkeitsgrad: **mittel** · Zeit: **1 Std.** · Kosten: **unter 15 €**

LAMPE
ABTROPFSIEB

WERKZEUG

- 1 Akku-Bohrmaschine
- 1 Spannungsprüfer
- 1 Holzbohrer, 5 mm und 7 mm ø
- 1 Metallbohrer, 5 mm und 10 mm ø
- 1 Flachzange
- 1 Holzleim
- 1 Schutzbrille

MATERIAL

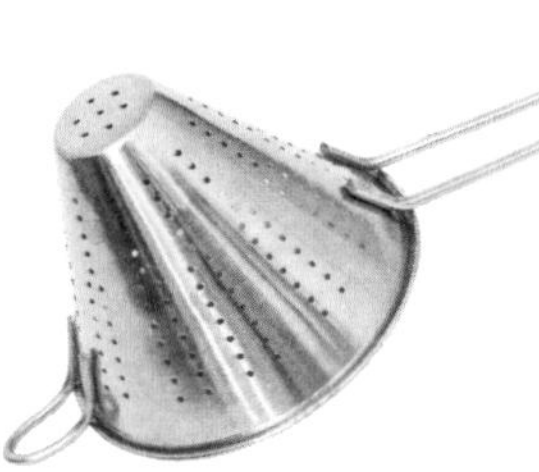

Rundkopfschraube, 2,5 cm lang und 4 mm ø

2 Holzschrauben, 5 cm lang und 4 mm ø

1 Elektrokabel mit Schalter und Stecker

1 Abtropfsieb aus Metall, 10 cm hoch und 13 cm ø

Einschraubmuffe mit Kragen, 13 mm lang und 10 mm ø

1 Sechskantmutter, 10 mm ø

3 Flügelmuttern, 4 mm ø

1 Gewindestange, 6,5 cm lang und 4 mm ø

3 Unterlegscheiben aus Metall, 4 mm Innendurchmesser

3 Fichte/Tanne-Kanthölzer, 17 cm lang und 18 x 18 mm Kantenmaß
1 Fichte/Tanne-Kantholz, 40 cm lang und 18 x 18 mm Kantenmaß

1 Fassung E14

1 LED-Birne E14 mit 400 Lumen

TECHNISCHE ZEICHNUNG SIEHE SEITE 115

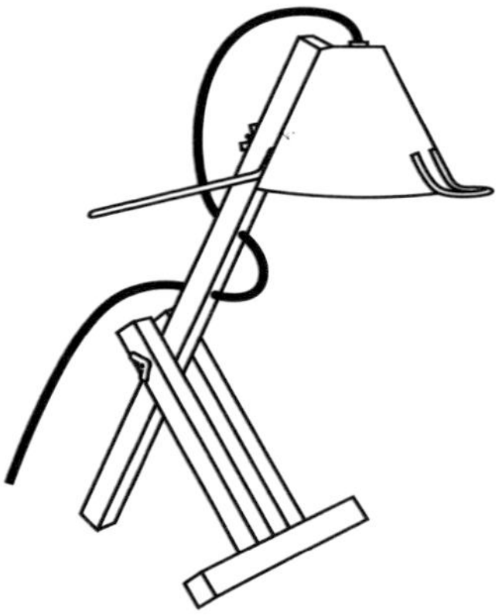

1 Ein 17 cm langes Kantholz 5,8 cm von einer Kante entfernt im rechten Winkel an ein anderes 17 cm langes Kantholz kleben. Das dritte 17 cm lange Kantholz 5,8 cm von der anderen Kante entfernt ankleben und die Hölzer festschrauben.

2 Das lange Kantholz zwischen die beiden angeschraubten Kanthölzer schieben. Mit dem 5-mm-Bohrer die drei Kanthölzer im Abstand von 14 cm zur Kante des quer liegenden Kantholzes durchbohren und mit der Gewindestange und zwei Flügelmuttern fixieren. Dabei je eine Unterlegscheibe zwischen Mutter und Holz legen.

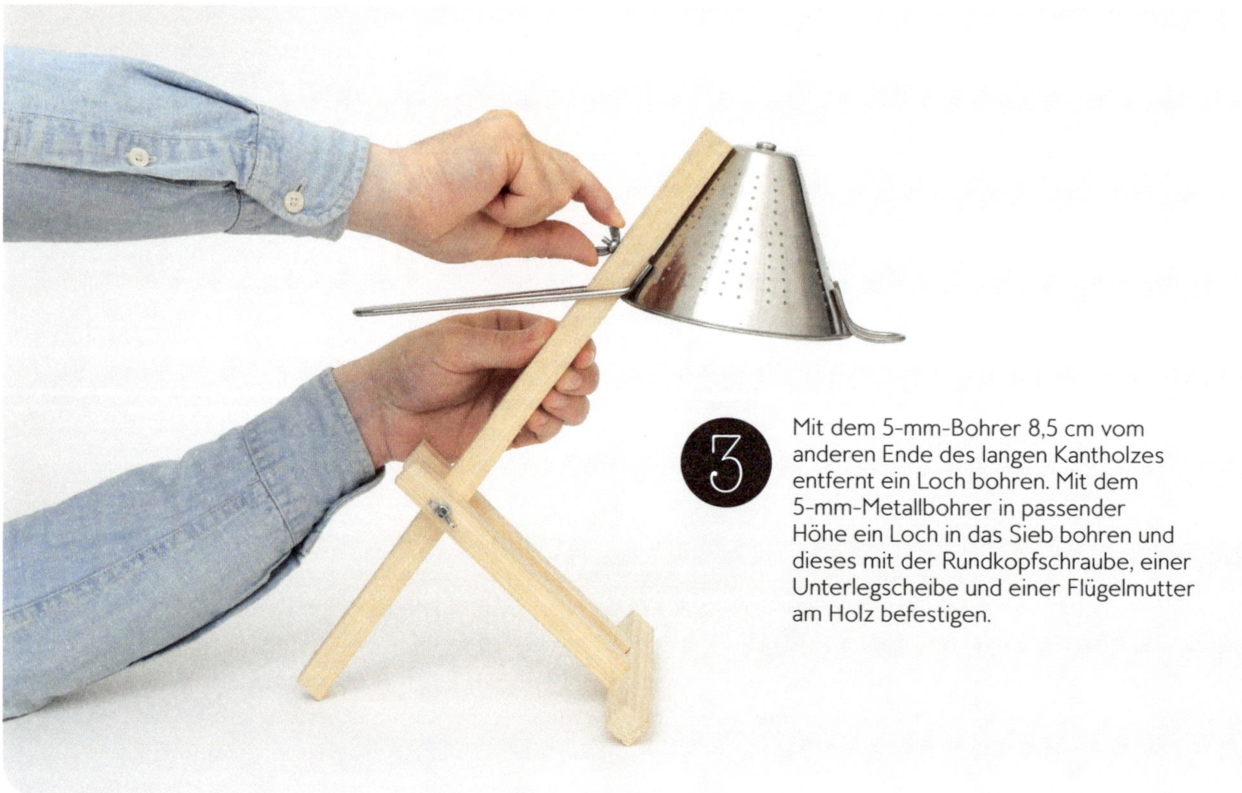

3 Mit dem 5-mm-Bohrer 8,5 cm vom anderen Ende des langen Kantholzes entfernt ein Loch bohren. Mit dem 5-mm-Metallbohrer in passender Höhe ein Loch in das Sieb bohren und dieses mit der Rundkopfschraube, einer Unterlegscheibe und einer Flügelmutter am Holz befestigen.

4 Mit dem 10-mm-Metallbohrer in den Boden des Siebs ein Loch bohren und die Muffe einsetzen.

5 Von innen die Mutter mit der Zange anschrauben.

Tipp

Vor der Montage der Elektroteile (Kabel, Fassung, Stecker und Schalter) sicherstellen, dass die Sicherung ausgeschaltet ist.

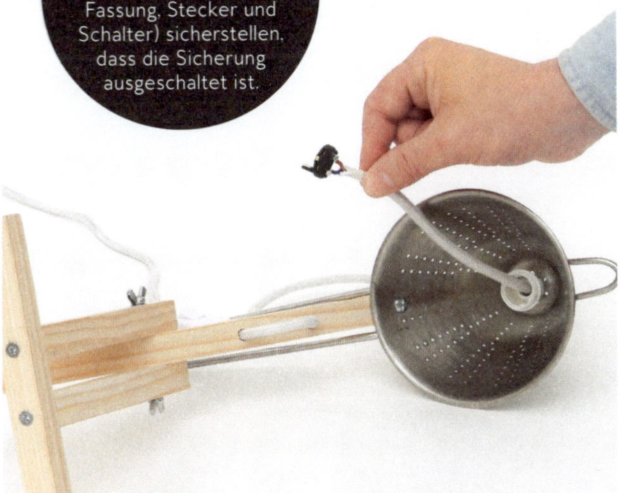

6 Mit dem 7-mm-Holzbohrer zwei Löcher in das lange Kantholz bohren. Das Kabel zuerst durch diese Löcher, dann durch die Muffe führen. Die Fassung an das Kabel montieren.

7 Die Glühbirne einsetzen.

Schwierigkeitsgrad: **mittel** · Zeit: **30 Min.** · Kosten: **unter 10 €**

UHR
TISCHTENNISSCHLÄGER

WERKZEUG

- 1 Akku-Bohrmaschine
- 1 Metallbohrer, 3 mm ø
- 1 Holzbohrer, 8 mm ø
- 1 Schutzbrille
- 1 Hammer

MATERIAL

1 Tischtennisschläger

1 Eichen-Kantholz, 5 cm lang und 15 x 30 mm Kantenmaß

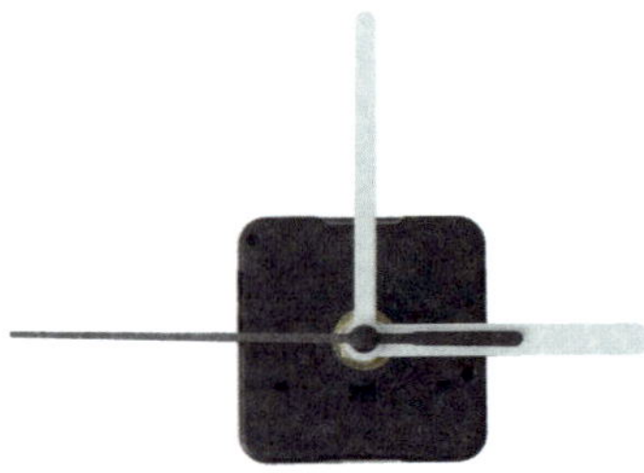

1 Quartz-Uhrwerk

Flachprofilleiste aus Aluminium, 1 m x 15 mm x 2 mm

5 Holzschrauben, 15 mm lang und 3 mm ø

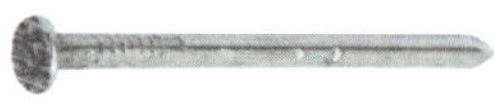

1 Nagel, 3 cm lang und 1,8 mm ø

TECHNISCHE ZEICHNUNG SIEHE SEITE 111

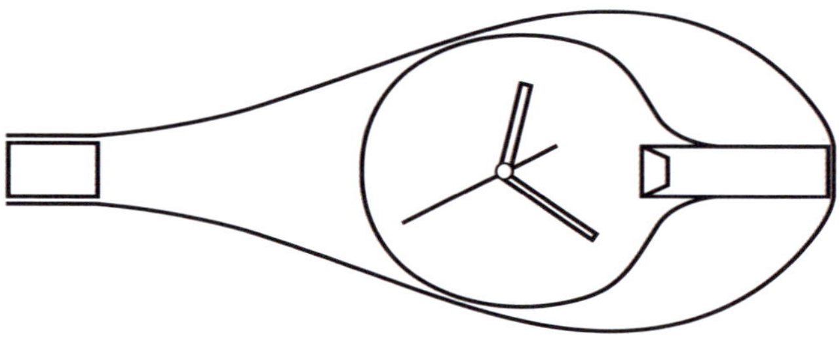

1

Den Tischtennisschläger in Wasser legen, damit sich die Kunststoffbeschichtung löst. Diese abziehen, den Schläger trocknen lassen und mit dem 8-mm-Holzbohrer ein Loch in die Mitte bohren.

2

Ein Ende der Aluminiumleiste bündig an das Kantholz legen und die Position für zwei Schrauben festlegen, sodass die Leiste mit dem Kantholz verbunden werden kann. Mit dem 3-mm-Metallbohrer zwei Löcher in die Leiste bohren. Mit zwei Holzschrauben die Leiste auf das Holz montieren.

3

Auf dieselbe Weise das zweite Leistenende auf der anderen Seite des Kantholzes anbringen.

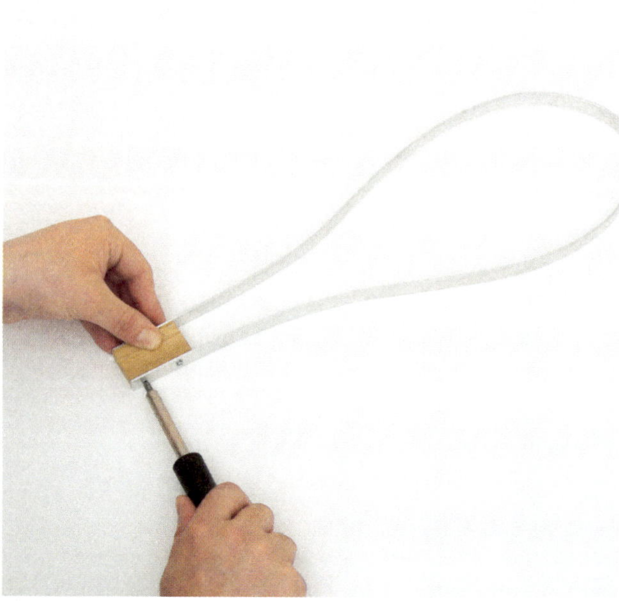

4 Mit dem 3-mm-Bohrer in die untere Mitte der Leiste ein Loch bohren und die Leiste dort mit einer Holzschraube am Griff des Schlägers befestigen.

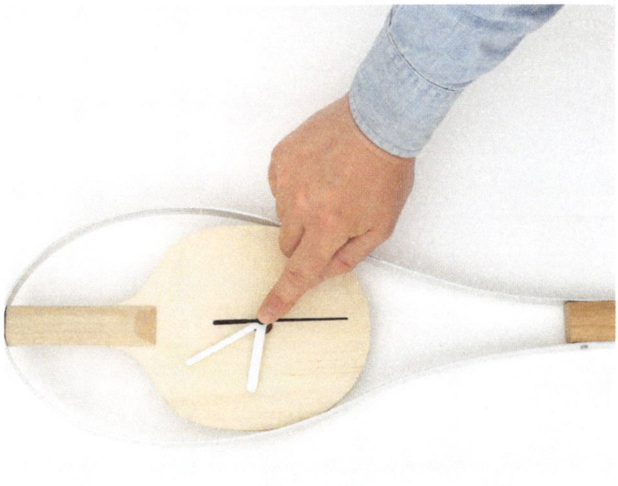

5 Das Uhrwerk auf der Unterseite des Schlägers montieren.

6 Die Zeiger auf der Oberseite anbringen. Den Nagel in die Wand schlagen und die Uhr daran aufhängen.

Schwierigkeitsgrad: **leicht** · Zeit: **1 Std.** · Kosten: **unter 5 €**

TABLETT
LÖFFEL

WERKZEUG

- 1 Akku-Bohrmaschine
- 1 Metallbohrer, 3 mm ø
- 1 Flachzange
- Holzleim
- Zwei-Komponenten-Kleber
- 1 Bleistift oder Filzstift
- 1 Paar Arbeitshandschuhe aus Leder
- 1 Schutzbrille

MATERIAL

4 kleine Metalllöffel

2 Fichte/Tanne-Kanthölzer, 35 cm lang und 13 x 13 mm Kantenmaß

1 Kiefernholzbrett, 35 x 35 cm und 18 mm stark

8 Holzschrauben, 16 mm lang und 2,5 mm ø

TECHNISCHE ZEICHNUNG SIEHE SEITE 113

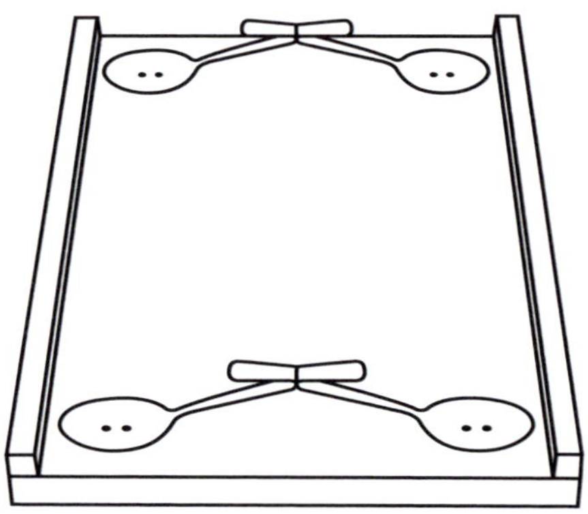

1

Mit der Flachzange die Löffelstiele umbiegen.

2

Mit dem 3-mm-Metallbohrer in jede Löffelmulde zwei Löcher bohren. Dabei Arbeitshandschuhe aus Leder tragen, um Verletzungen zu vermeiden.

3

Mit Holzleim die beiden Kanthölzer kantenbündig mit den Längsseiten auf das Brett kleben. Für die Griffe des Tabletts die Positionen der Löffel festlegen und die Löcher markieren. Dann acht Löcher in das Brett bohren.

4

Einen Löffel mit zwei Holzschrauben auf dem Brett befestigen.

5

Dasselbe mit den anderen Löffeln wiederholen.

6

Die gebogenen Enden von zwei Löffeln jeweils mit einem Tropfen Kleber zusammenkleben.

Tipp

Sie können das Brett zusätzlich mit einer dekorativen Auflage verzieren, bevor die Löffel montiert werden.

Schwierigkeitsgrad: **sehr leicht** · Zeit: **1 Std.** · Kosten: **unter 10 €**

HAKEN
GARNSPULEN

WERKZEUG

- 1 Akku-Bohrmaschine
- 1 Holzbohrer, 3 und 8 mm ø
- 1 Metallsäge
- Holzleim
- 1 Schutzbrille

MATERIAL

6 Holzspulen mit Schnur, 6 cm hoch und 4 cm ø

4 Wandschrauben, 5 cm lang und 4 mm ø

4 passende Dübel für die Wandschrauben

2 Fichte/Tanne-Kanthölzer, 50 cm lang und 13 x 38 mm Kantenmaß

6 Holzdübel, 7 cm lang und 8 mm ø

TECHNISCHE ZEICHNUNG SIEHE SEITE 115

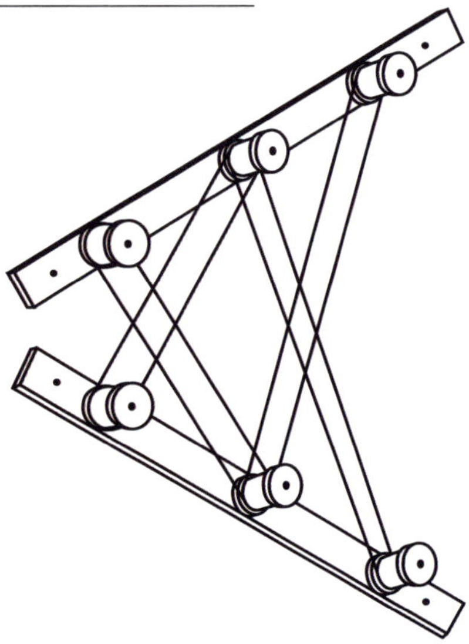

1 Mit einem 3-mm-Holzbohrer an beiden Enden eines Kantholzes 3 cm neben der Kante ein Loch bohren.

2 Mit einem 8-mm-Holzbohrer in gleichmäßigen Abständen dazwischen noch drei weitere Löcher in dieses Kantholz bohren..

3 Einen Holzdübel zur Hand nehmen.

4 Mit Holzleim den Dübel so in eine Spule kleben, dass er noch 1 cm weit herausragt.

5 Das herausstehende Dübelstück und die umliegende Fläche der Spule mit Holzleim bestreichen. Die Spule auf das Kantholz kleben, dabei den Dübel in ein Loch stecken.

6 Zwei weitere Spulen genauso aufkleben. Das zweite Kantholz ebenso vorbereiten.

7 Die Kanthölzer im gewünschten Winkel mit je zwei Schrauben und passenden Dübeln an die Wand montieren. Von den Spulen jeweils etwas Schnur zu einer anderen Spule führen, sodass die Schnüre sich kreuzen und dort fest verknoten.

Schwierigkeitsgrad: **leicht** · Zeit: **30 Min.** · Kosten: **unter 5 €**

POSTABLAGE **GABELN**

WERKZEUG

- 1 Akku-Bohrmaschine
- 1 Holzbohrer, 2 mm und 3 mm ø
- 1 Flachzange
- Zwei-Komponenten-Kleber
- 1 Schutzbrille

MATERIAL

2 Metallgabeln

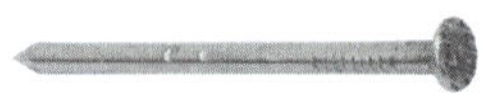

2 Nägel, 3,5 cm lang und 1,8 mm ø

2 Rundhölzer, 22 cm lang und 10 mm ø

TECHNISCHE ZEICHNUNG SIEHE SEITE 116

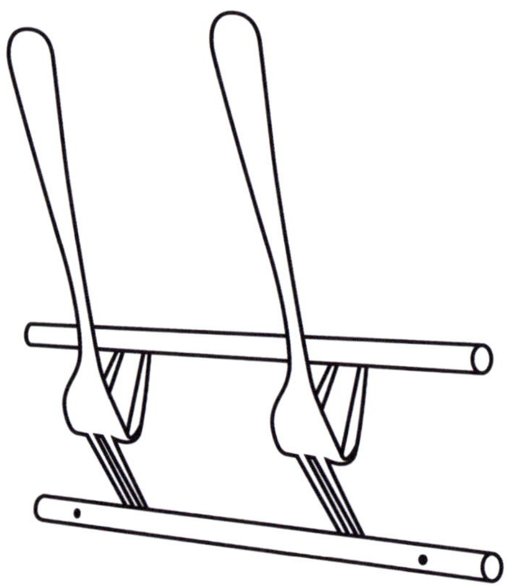

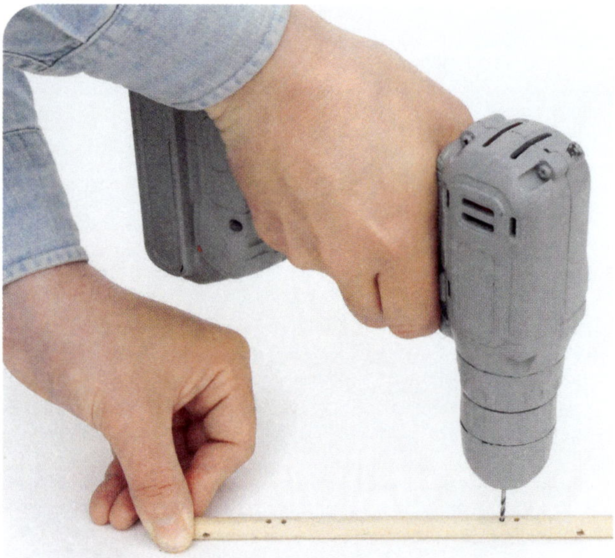

1

Für die Wandbefestigung in ein Rundholz mit dem 2-mm-Holzbohrer 2 cm neben den Enden jeweils ein Loch bohren. Das Rundholz um 90 Grad drehen und mit gleichem Bohrer vier Löcher an die Stellen bohren, wo die mittleren Zinken der beiden Gabeln auf das Holz stoßen werden.

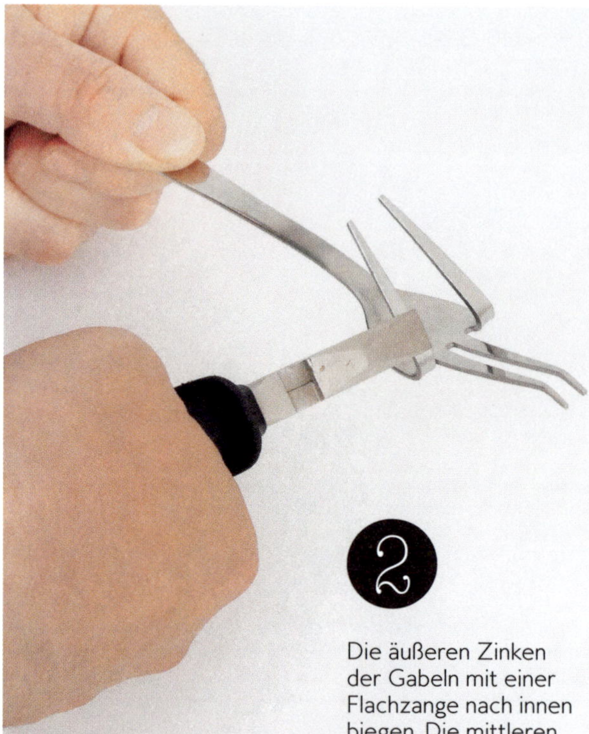

2

Die äußeren Zinken der Gabeln mit einer Flachzange nach innen biegen. Die mittleren Zinken in die Gegenrichtung biegen.

3

Mit Zwei-Komponenten-Kleber eine Gabel an den vorgesehenen Löchern in das Rundholz kleben.

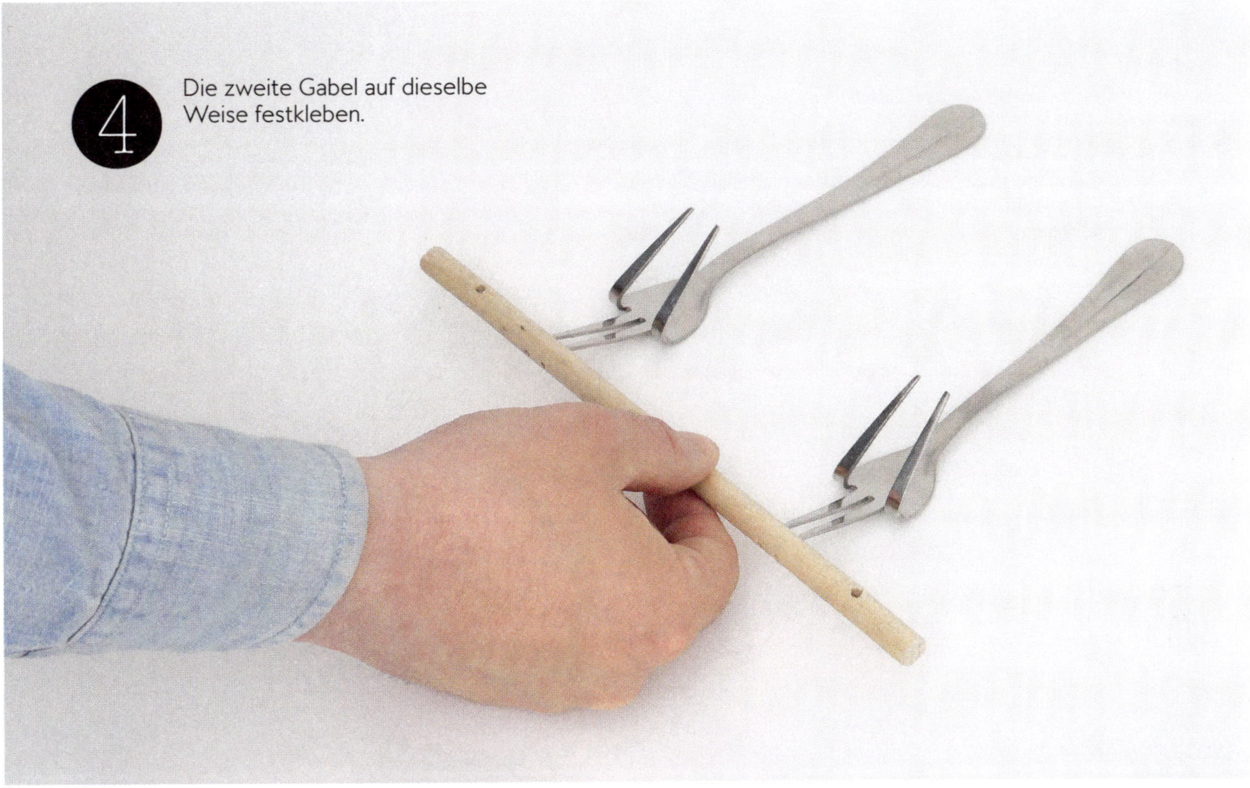

4

Die zweite Gabel auf dieselbe Weise festkleben.

5

In das zweite Rundholz mit dem 3-mm-Bohrer vier Löcher an die Stelle bohren, wo die äußeren Zinken der Gabeln auf das Holz treffen.

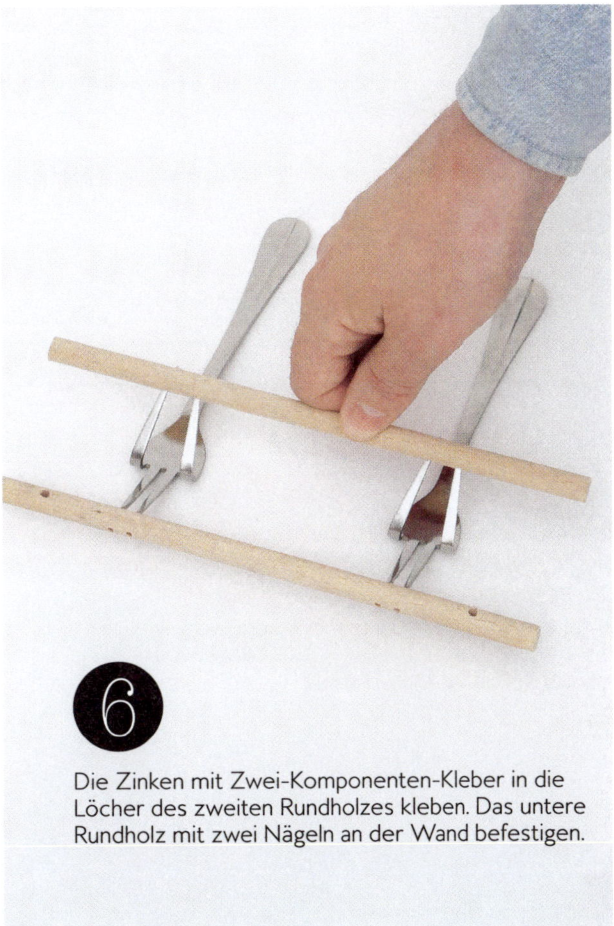

6

Die Zinken mit Zwei-Komponenten-Kleber in die Löcher des zweiten Rundholzes kleben. Das untere Rundholz mit zwei Nägeln an der Wand befestigen.

Schwierigkeitsgrad: **leicht** · Zeit: **1 Std.** · Kosten: **unter 30 €**

KERZENSTÄNDER **WASSERHÄHNE**

WERKZEUG

- Zwei-Komponenten-Kleber
- 1 Heißklebepistole
- 1 Schutzbrille
- 1 Paar Arbeitshandschuhe

MATERIAL

2 Wasserhähne M15/21, aus Messing

2 T-Abzweigmuffen mit Innengewinde F15/21, aus Messing

1 Doppelrohr mit Außengewinde M15/21, aus Messing

1 Beutel Betonpulver, 1,5 kg

1 Kiefernholzbrett, 6 x 32 cm und 18 mm stark

2 Pappel-Sperrholzbretter, 10 x 32 cm und 5 mm stark

2 Pappel-Sperrholzbretter, 10 x 10 cm und 5 mm stark

TECHNISCHE ZEICHNUNG SIEHE SEITE 116

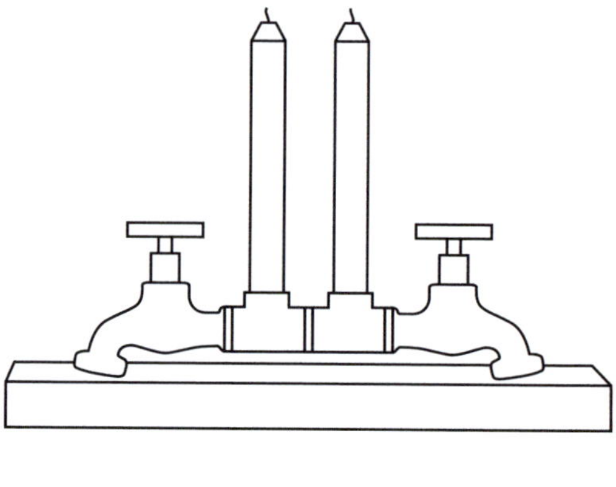

1/2

1 Eine T-Muffe an einen Wasserhahn schrauben, dabei zusätzlich mit Zwei-Komponenten-Kleber sichern.

2 Das Doppelrohr auf dieselbe Weise an der T-Muffe befestigen.

3 Die zweite T-Muffe ebenso am Doppelrohr einkleben.

4 Auf dieselbe Weise den zweiten Wasserhahn an die zweite T-Muffe schrauben und festkleben. Dabei darauf achten, dass die freien Öffnungen der T-Stücke (= Kerzenhalterungen) waagerecht ausgerichtet sind.

5

Die 10 x 32 cm großen Sperrholzbretter mit Heißkleber an die Seiten des 6 x 32 cm großen Holzbretts kleben. Die 10 x 10 cm großen Sperrholzbretter an die Enden kleben. Das Betonpulver laut Herstellerangaben mit Wasser anrühren und in den Kasten gießen. Die zusammengesetzten Wasserhähne mittig daraufsetzen und soweit eindrücken, dass die Schlauchverschraubungen im Beton verschwinden.

6

48 Stunden warten, bis der Beton getrocknet ist, dann die Holzplatten entfernen. Kerzen in die beiden Öffnungen stellen.

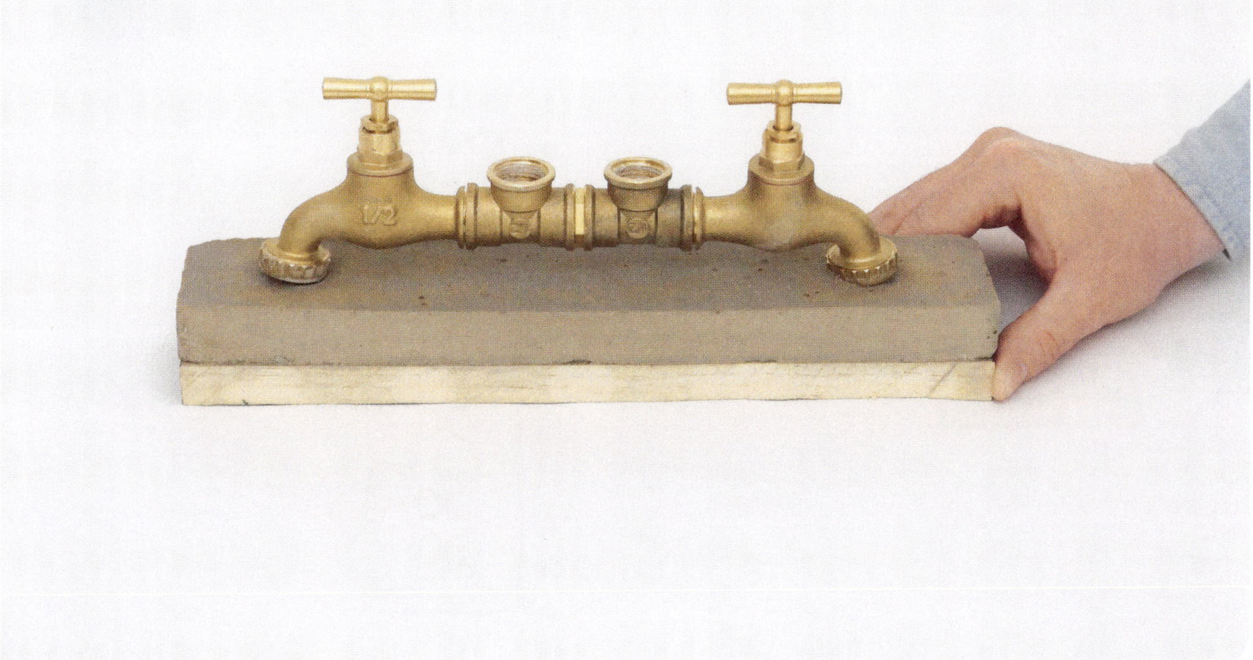

Schwierigkeitsgrad: **sehr leicht** · Zeit: **1 Std.** · Kosten: **unter 15 €**

PFLANZENSÄULE **TASSEN**

WERKZEUG

- Zwei-Komponenten-Kleber
- 1 Dose weiße Farbe
- 1 Pinsel

MATERIAL

2 Kiefernholzbretter, 18 x 13 cm und 18 mm stark

8 weiße Keramiktassen, 7,5 cm hoch und 7 cm ø

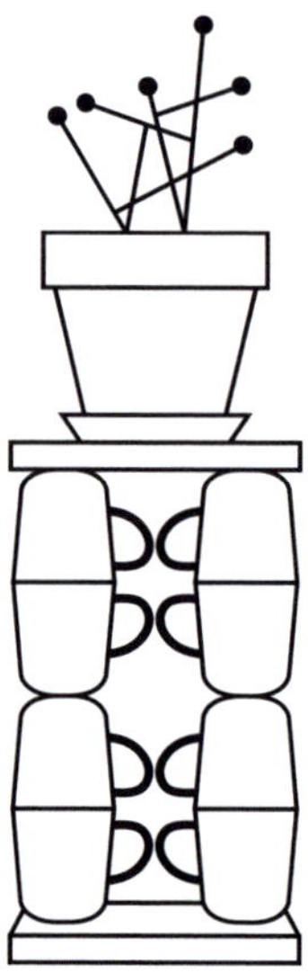

TECHNISCHE ZEICHNUNG SIEHE SEITE 118

1 Die Bretter rundum weiß anstreichen, dabei die Außenkanten nicht vergessen.

2 Je zwei Tassen an den Öffnungen mit Zwei-Komponenten-Kleber zusammenkleben.

3 Ein Tassenpaar mittig an der rechten kurzen Kante auf ein Brett kleben. Dabei sollen die Henkel nach innen zeigen.

4

Zwei weitere zusammengeklebte Tassen mit den Henkeln nach innen auf die ersten kleben.

5

Ein drittes Tassenpaar spiegelverkehrt zum ersten auf das Brett kleben.

6

Das letzte Tassenpaar daraufkleben und obenauf das zweite Holzbrett kleben.

Schwierigkeitsgrad: **mittel** · Zeit: **1 Std.** · Kosten: **unter 10 €**

ZEITUNGSSTÄNDER
PINSEL

WERKZEUG

- 1 Akku-Bohrmaschine
- 1 Holzbohrer, 3 mm ø
- 1 Handbohrer, 3 mm ø
- 1 Universalzange
- Zwei-Komponenten-Kleber
- 1 Bleistift
- 1 Schutzbrille

MATERIAL

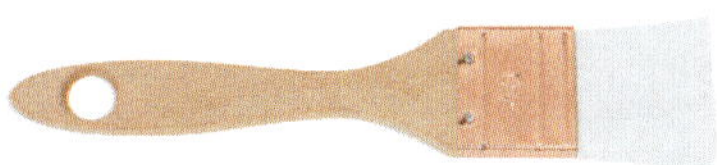

4 Flachpinsel, 4 cm breit

1 Fichte/Tanne-Kantholz, 30 cm lang und 25 x 25 mm Kantenmaß

8 Holzschrauben, 3,5 cm lang und 4 mm ø

4 Fichte/Tanne-Kanthölzer, 28 cm lang und 13 x 38 mm Kantenmaß

TECHNISCHE ZEICHNUNG SIEHE SEITE 117

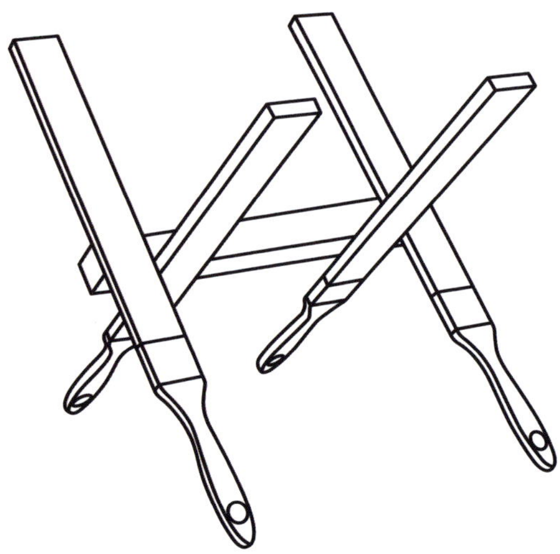

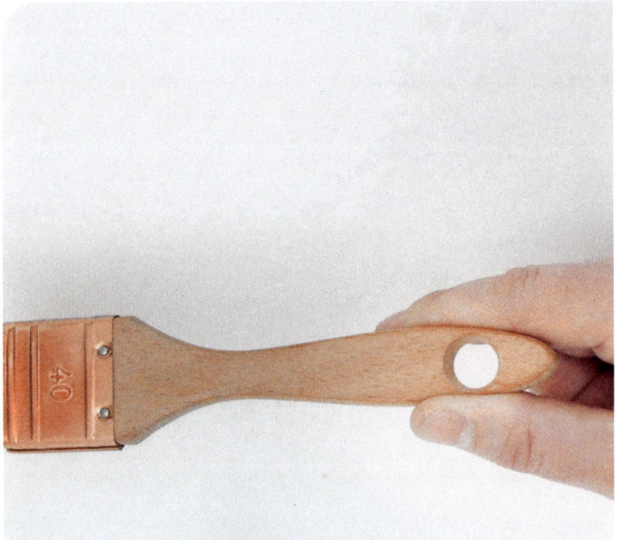

1

Die Borsten der Pinsel mit einer Universalzange herausziehen.

2

Die Halterung der Borsten jeweils innen mit Kleber bestreichen und dort ein Kantholz einstecken. So entstehen vier Streben.

3

Eine Strebe auf Höhe des unteren Drittels mit 2 Holzschrauben an ein Ende des 30 cm langen Kantholzes schrauben. Das geht leichter, wenn zuvor die Position der Schrauben auf dem Holz markiert und mit dem Handbohrer vorgebohrt wird.

4

Die zweite Strebe auf dieselbe Weise an dem anderen Ende des Kantholzes befestigen.

5

Die dritte Strebe innen so neben einer der schon befestigten Streben anbringen, dass sie ein Kreuz bilden.

6

Zum Schluss die vierte Strebe an der anderen Seite auf dieselbe Weise montieren.

Schwierigkeitsgrad: **mittel**· Zeit: **1 Std.** · Kosten: **unter 20 €**

BEISTELLTISCH
SCHRAUBENSCHLÜSSEL

WERKZEUG

- 1 Akku-Bohrmaschine
- 1 Stichsäge
- 1 Holzbohrer, 3 mm ø
- Zwei-Komponenten-Kleber
- 1 Rolle doppelseitiges Klebeband
- 1 Dose weiße Farbe
- 1 Pinsel
- 1 Schutzbrille

MATERIAL

1 Korkplatte, 20 x 30 cm

4 Ring-/Maulschlüssel, M 19

2 Holzschrauben, 5 cm lang und 4 mm ø

2 Kiefernholzbretter, 20 x 30 cm und 18 mm stark

TECHNISCHE ZEICHNUNG SIEHE SEITE 118

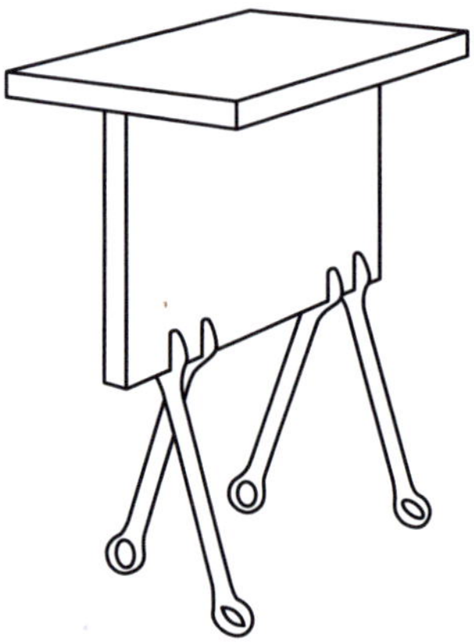

1

An einer langen Kante eines Bretts auf beiden Seiten im Abstand von 3 cm zwei 15 mm tiefe Kerben in Breite der Maulschlüssel sägen.

2

Dieses Brett mit der anderen langen Kante im rechten Winkel mittig an das zweite Brett montieren, dafür von unten jeweils eine Holzschraube anbringen.

3

Zwei-Komponenten-Kleber in eine der Kerben geben und einen Ring-/Maulschlüssel hineinstecken.

4

Einen zweiten Ring-/ Maulschlüssel auf dieselbe Weise anbringen, dabei den Griff in die entgegengesetzte Richtung zeigen lassen. .

5

Ebenso die beiden verbliebenen Ring-/ Maulschlüssel befestigen.

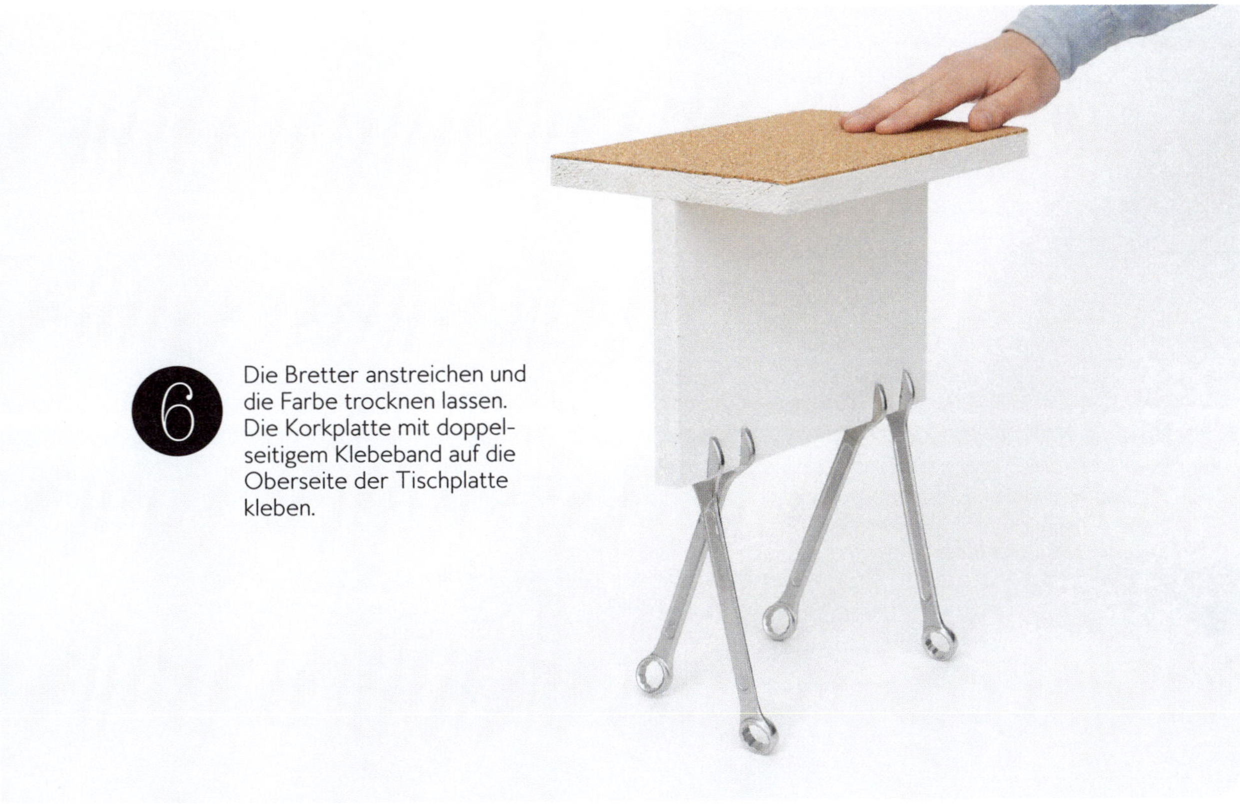

6

Die Bretter anstreichen und die Farbe trocknen lassen. Die Korkplatte mit doppelseitigem Klebeband auf die Oberseite der Tischplatte kleben.

Schwierigkeitsgrad: **sehr leicht** · Zeit: **30 Min.** · Kosten: **unter 10 €**

VASE **STICKRINGE**

WERKZEUG

- Zwei-Komponenten-Kleber
- 1 Schutzbrille

MATERIAL

4 Stickringe aus Holz, 20,5 cm ø

3 Rundhölzer, 10 cm lang und 8 mm ø

1 Rundholz, 9 cm lang und 8 mm ø

1 Glas, 9 cm hoch und 8,5 mm ø

TECHNISCHE ZEICHNUNG SIEHE SEITE 117

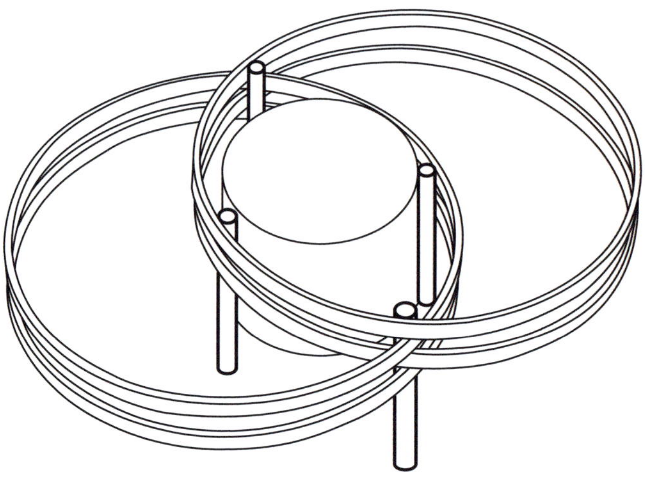

1

Die Stickringe auseinandernehmen und nur die Innenringe verwenden. Zwei 10 cm lange Rundhölzer unten bündig im Abstand von 16 cm innen an einen Stickring kleben.

2

Einen zweiten Ring darüberlegen, gegenüberliegend anschlagend an die Rundhölzer kleben.

3

Das dritte 10 cm lange Rundholz mittig und unten bündig zwischen die beiden anderen an den ersten Ring und das 9 cm lange Rundholz gegenüberliegend unten bündig an den zweiten Ring kleben.

4

Den dritten Stickring hinzufügen, über den ersten legen und an die anstoßenden drei Rundhölzer kleben.

5

Den letzten Ring ebenfalls hinzufügen, über den zweiten legen und an die anstoßenden Rundhölzer kleben.

6

Die Ringe umdrehen und das Glas zwischen die Rundhölzer stellen.

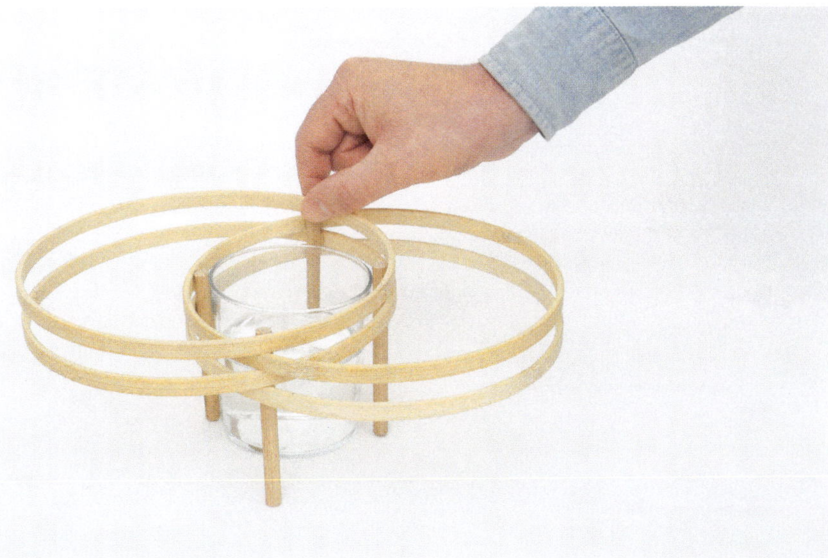

Schwierigkeitsgrad: **leicht** · Zeit: **1 Std.** · Kosten: **unter 40 €**

LAMPE **GIESSKANNE**

WERKZEUG

- 1 Akku-Bohrmaschine
- 1 Holzbohrer, 7 mm ø
- Zwei-Komponenten-Kleber
- 1 Schutzbrille

MATERIAL

1 Gießkanne

3 m Elektrokabel, 6 mm ø

1 LED-Birne E14 mit 400 Lumen

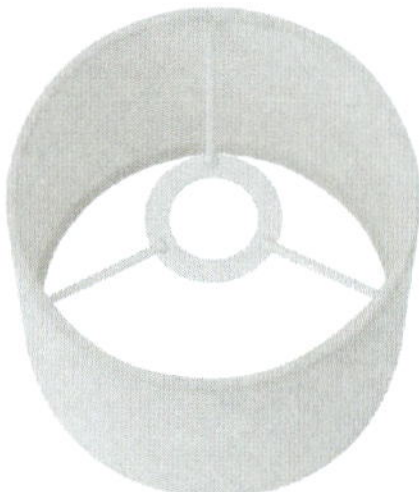

1 Lampenschirm, 13 cm hoch und 13 cm ø

1 Zugentlastung

1 Reduziermuffe von 16 mm auf 18 mm ø, aus Kupfer

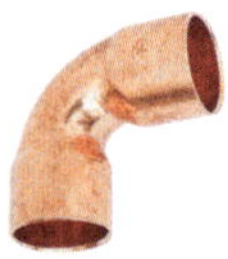

Fittingbogen 90° und 16 mm ø, aus Kupfer

Fassung E14 mit Schraubring

1 Schalter

1 Stecker

1 Rundholz, 28 cm lang und 16 mm ø

1 Rundholz, 50 cm lang und 16 mm ø

TECHNISCHE ZEICHNUNG SIEHE SEITE 119

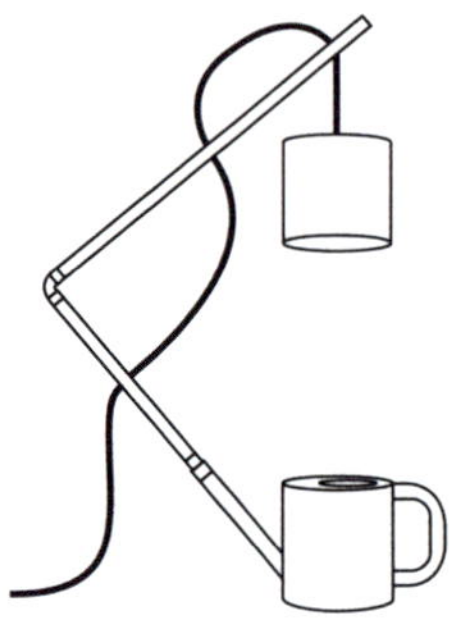

1 In die Mitte des 28 cm langen Rundholzes mit dem 7-mm-Bohrer ein Loch bohren.

2 Das Ende des Gießkannenausgusses mit Zwei-Komponenten-Kleber bestreichen und die Reduziermuffe aufstecken.

3 Ein Ende des 28 cm langen Rundholzes mit Kleber bestreichen und in die Muffe stecken, dabei soll das gebohrte Loch nach oben zeigen. Das andere Ende ebenfalls mit Kleber bestreichen und den Fittingbogen aufstecken.

4

Mit dem 7-mm-Bohrer in das längere Rundholz ein Loch mit 5 cm Abstand von der Kante, ein zweites, gleich ausgerichtetes Loch mittig in das Holz bohren.

5

Das Ende des Rundholzes, an dessen Kante kein Loch gebohrt wurde, mit Kleber bestreichen und in den Fittingbogen stecken. Dabei die Löcher nach oben zeigen lassen.

6

Das Kabel durch die Löcher der Rundhölzer führen. Die Zugentlastung und die Fassung an das Kabel montieren.

Tipp

Vor der Montage der Elektroteile (Kabel, Fassung, Stecker und Schalter) sicherstellen, dass die Sicherung ausgeschaltet ist.

7

Den Lampenschirm anbringen und die LED-Birne einsetzen. Schalter und Stecker an das Kabel montieren.

Schwierigkeitsgrad: **mittel** · Zeit: **1 Std.** · Kosten: **unter 30 €**

LAMPE
SCHNEIDEBRETTER

WERKZEUG

- 1 Akku-Bohrmaschine
- 1 Lochsäge, 29 mm ø
- 1 Holzbohrer, 3 mm ø
- Holzleim
- 1 Schutzbrille
- 1 Dose schwarze Farbe
- 1 Pinsel

MATERIAL

2 Schneidebrettchen aus Buchenholz mit Griffmulde, 15 x 24 cm und 10 mm stark

1 Buchenholzbrett, 24 x 10 cm und 10 mm stark

2 Fichte/Tanne-Kanthölzer, 10 cm lang und 13 x 38 mm Kantenmaß

1 Zugentlastung

4 Holzschrauben, 30 mm lang und 3 mm ø

1 LED-Birne E14 mit 400 Lumen

1 Fassung E14 mit Schraubring

1 Elektrokabel, mit Schalter und Stecker

TECHNISCHE ZEICHNUNG SIEHE SEITE 118

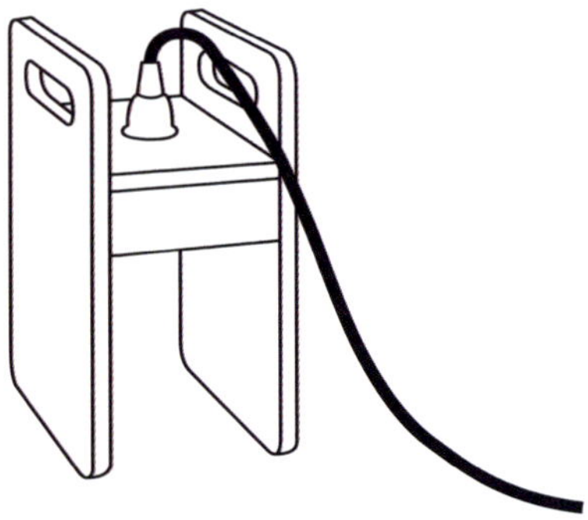

1

Die Außenkanten der Schneidebretter und die kurzen Kanten des Buchenholzbretts schwarz anstreichen. Mit der Lochsäge in das Buchenholzbrett ein Loch mit 29 mm Durchmesser fräsen.

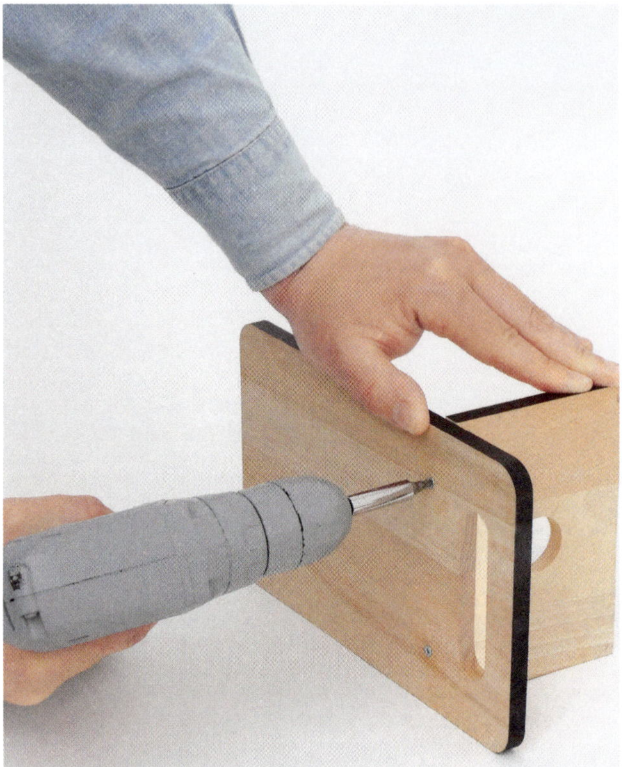

2

Mit zwei Holzschrauben ein Schneidebrett im oberen Drittel – unterhalb der Griffmulde – auf das Buchenholzbrett montieren.

3

Das zweite Schneidebrett gegenüberliegend auf dieselbe Weise am Buchenholzbrett anbringen.

4 Die beiden Kanthölzer mit Holzleim zwischen die beiden Schneidbretter und an das quer liegende Brett kleben.

5 Die Zugentlastung mit der Fassung an das Kabel montieren.

Tipp

Vor der Montage der Elektroteile (Kabel, Fassung, Stecker und Schalter) sicherstellen, dass die Sicherung ausgeschaltet ist.

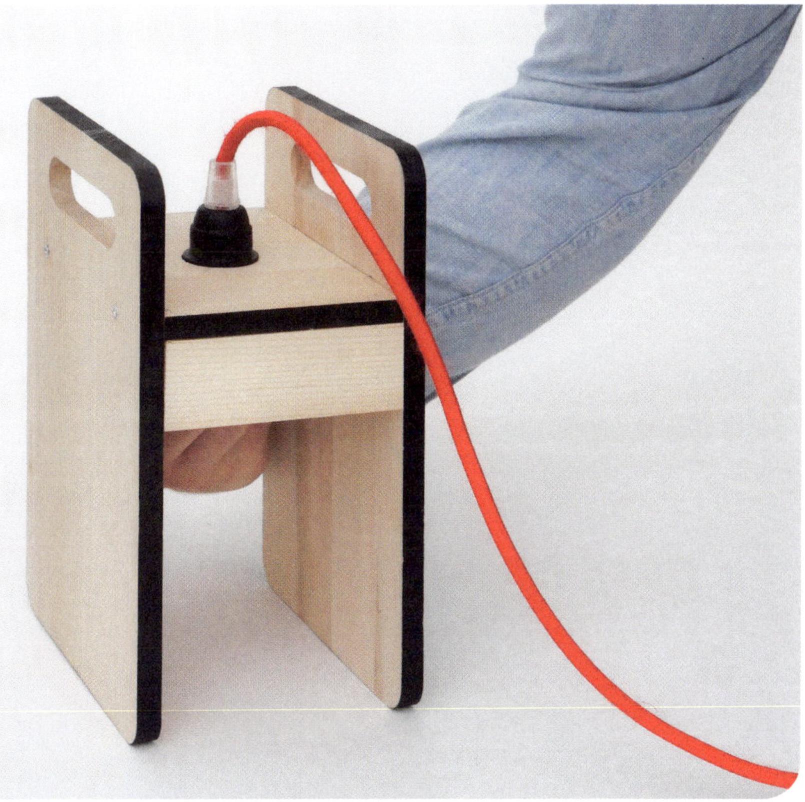

6 Die Fassung mit dem Schraubring durch das Loch stecken. Die LED-Birne einschrauben.

Schwierigkeitsgrad: **sehr leicht** · Zeit: **30 Min.** · Kosten: **unter 10 €**

TISCHCHEN **STEHSAMMLER**

WERKZEUG

- Schnelltrocknender Holzkleber
- 1 Schutzbrille

MATERIAL

4 Stehsammler aus Karton

1 Kiefernholzbrett, 14 x 45 cm und 18 mm stark

1 Kiefernholzbrett, 32 x 45 cm und 18 mm stark

TECHNISCHE ZEICHNUNG SIEHE SEITE 119

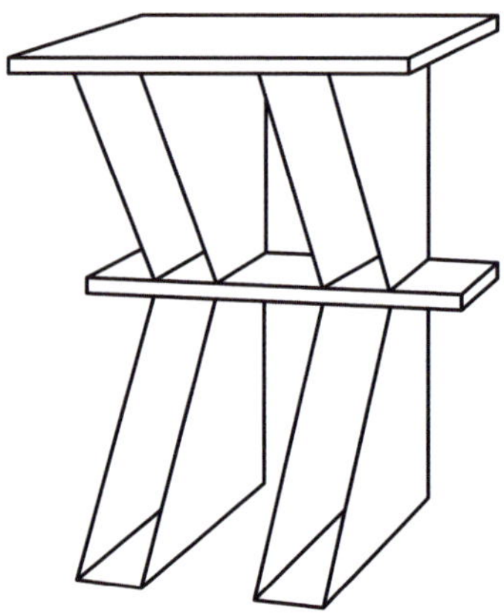

Raymond Queneau
La vie devant soi

1

Zur Positionierung zuerst zwei Stehsammler mit der kurzen Seite bündig an ein Ende des 14 x 45 cm großen Bretts halten.

2

Den inneren Stehsammler an der ermittelten Stelle mit dem Holzkleber an das Brett kleben.

3

Einen zweiten Stehsammler, vom anderen Brettende gemessen, auf dieselbe Weise anbringen.

4

Das Teil umdrehen und den dritten Stehsammler spiegelverkehrt zu einem der anderen festkleben.

5

Dasselbe mit dem vierten Stehsammler wiederholen.

6

Das 45 x 32 cm große Brett oben auf die oberen Stehsammler kleben.

TECHNISCHE ZEICHNUNGEN

HIER FINDEN SIE DIE TECHNISCHEN ZEICHNUNGEN MIT NOTWENDIGEN HINWEISEN UND INFORMATIONEN FÜR DIE PROJEKTE.

UNTERSETZER WINKEL, SEITE 16

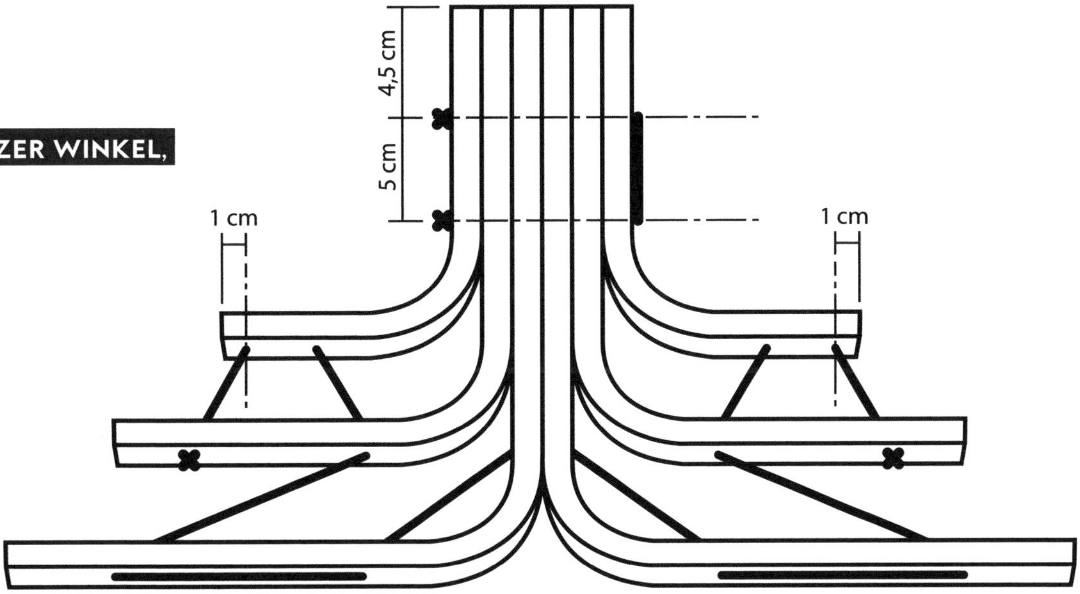

WANDLAMPE WINKEL, SEITE 24

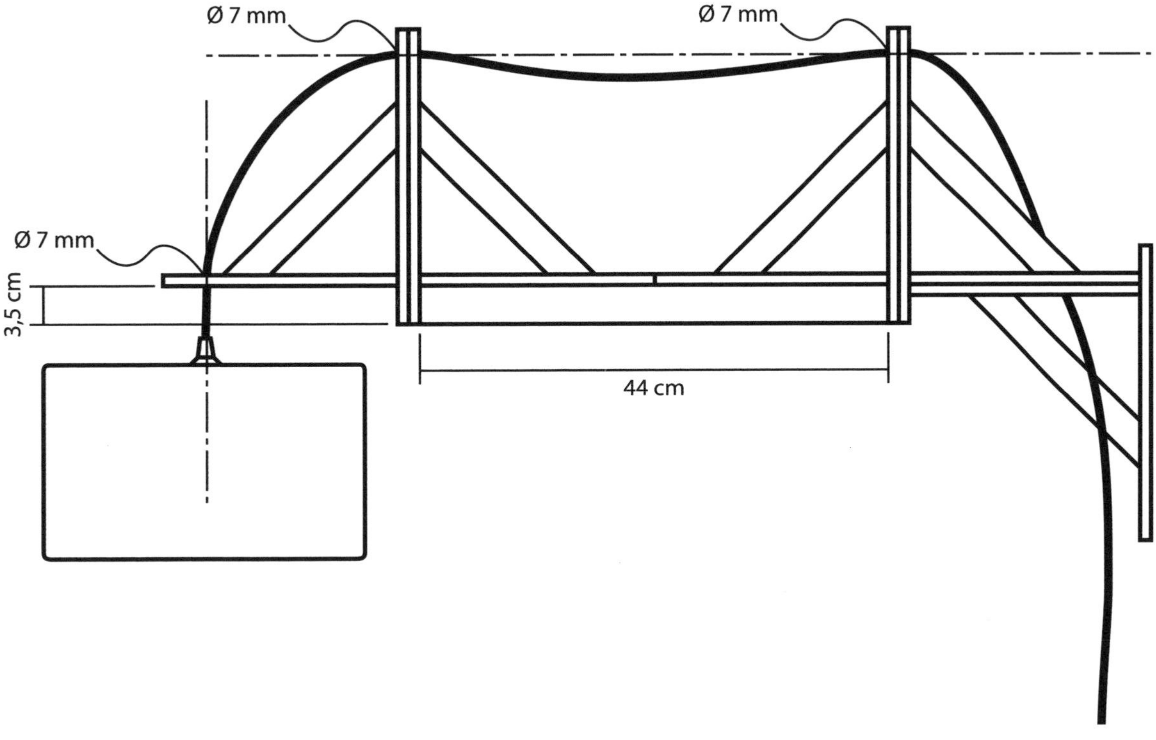

TECHNISCHE ZEICHNUNGEN

REGAL SKATEBOARDS, SEITE 20

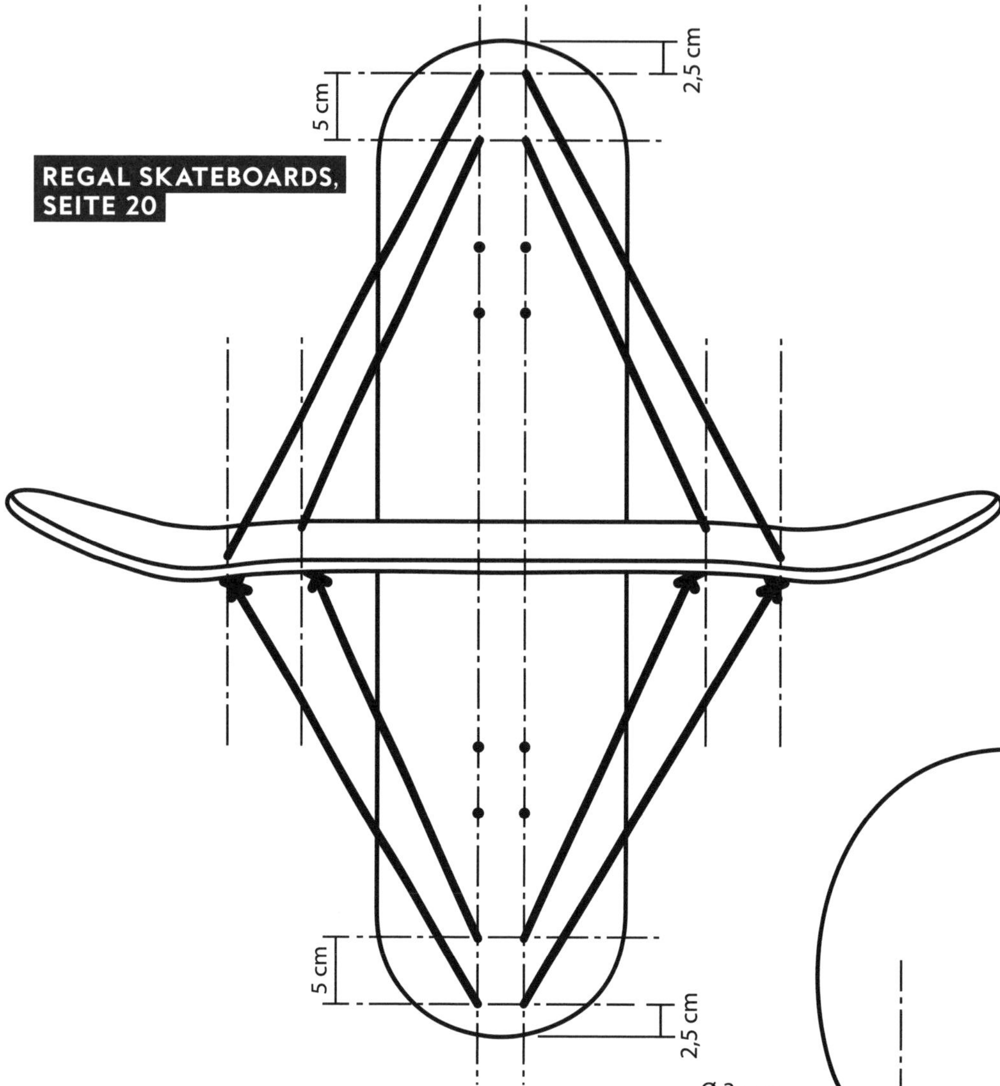

HAKEN TISCHTENNISSCHLÄGER, SEITE 28

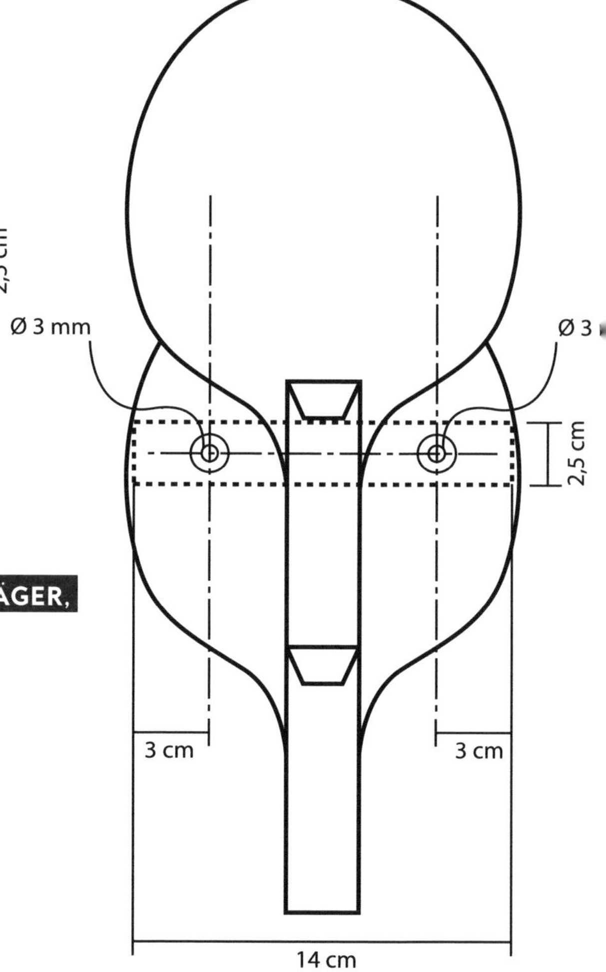

UHR TISCHTENNISSCHLÄGER, SEITE 60

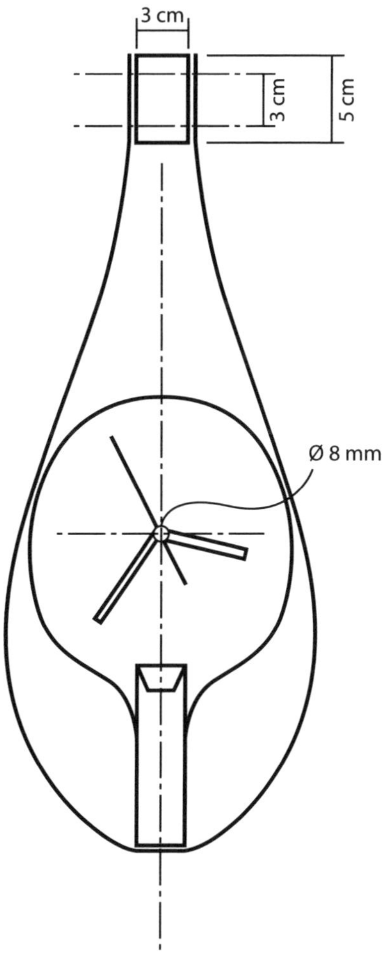

SPIEGEL MASSSTÄBE, SEITE 32

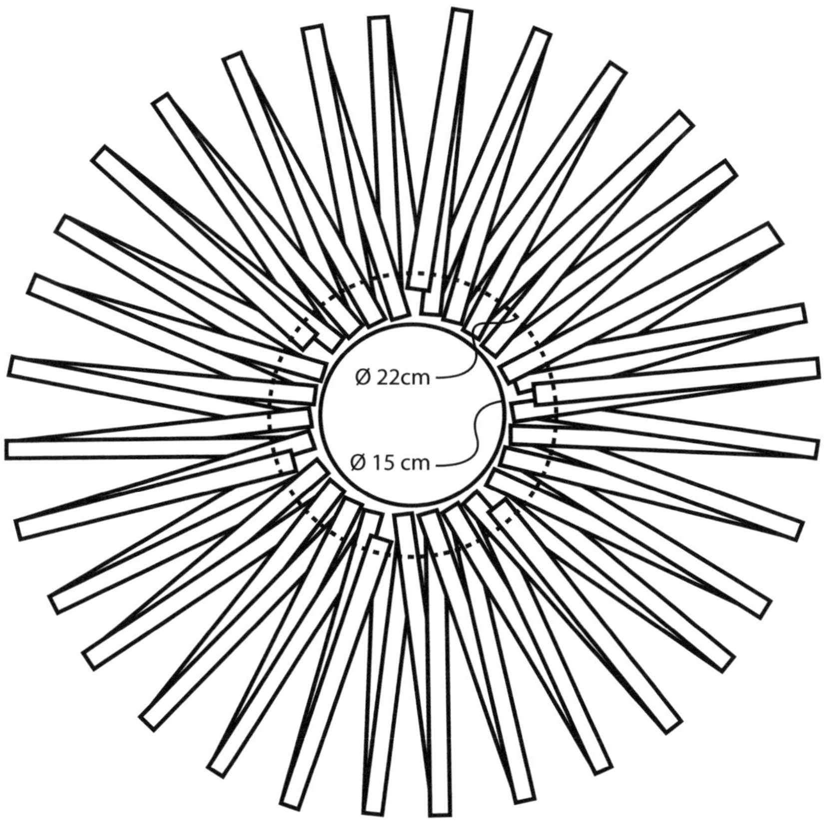

REGAL HOLZKISTE, SEITE 40

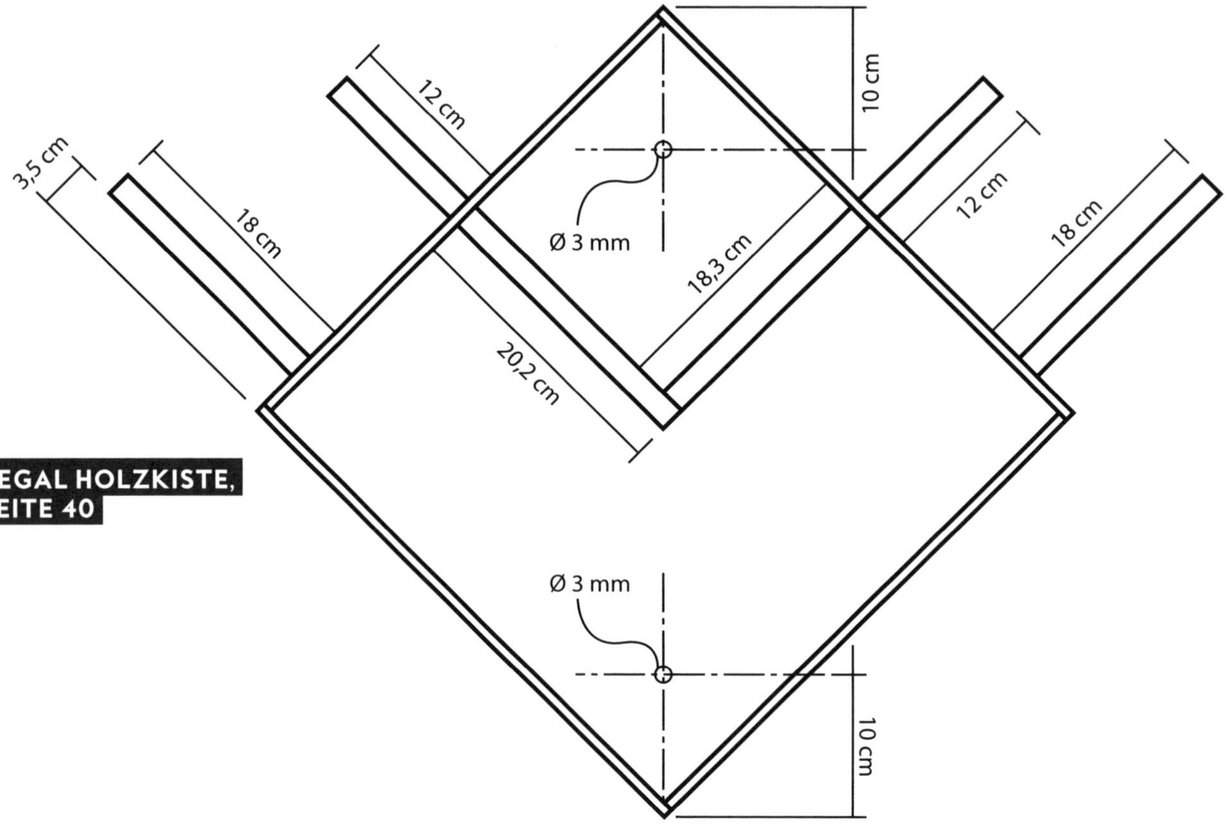

TISCHLAMPE WINKEL, SEITE 36

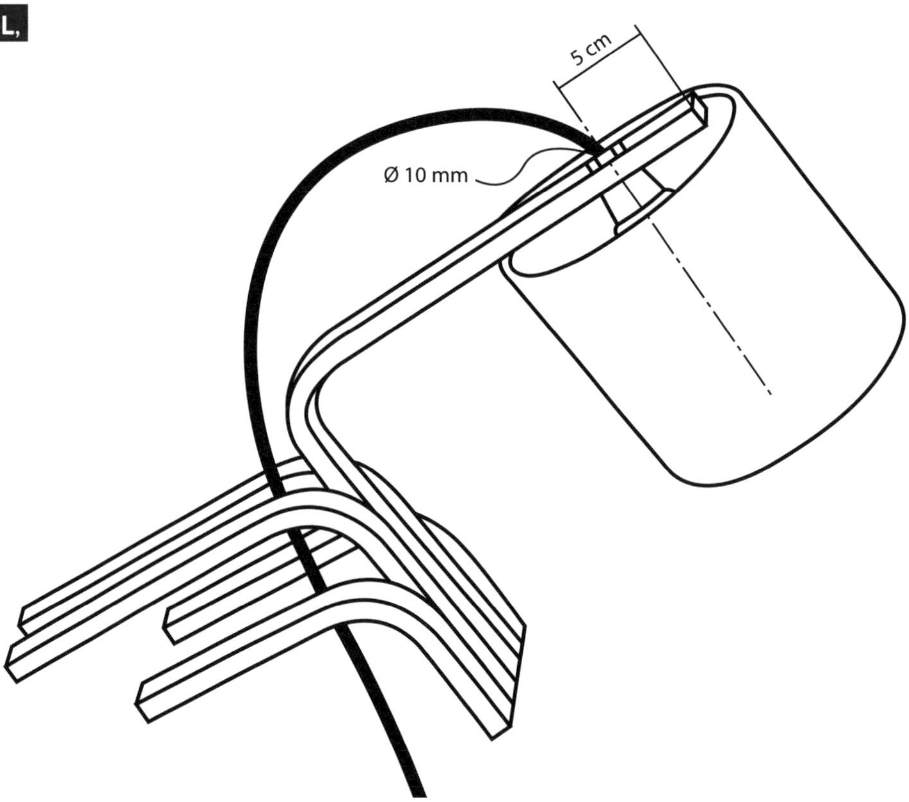

SPIEGEL UNTERSETZER, SEITE 44

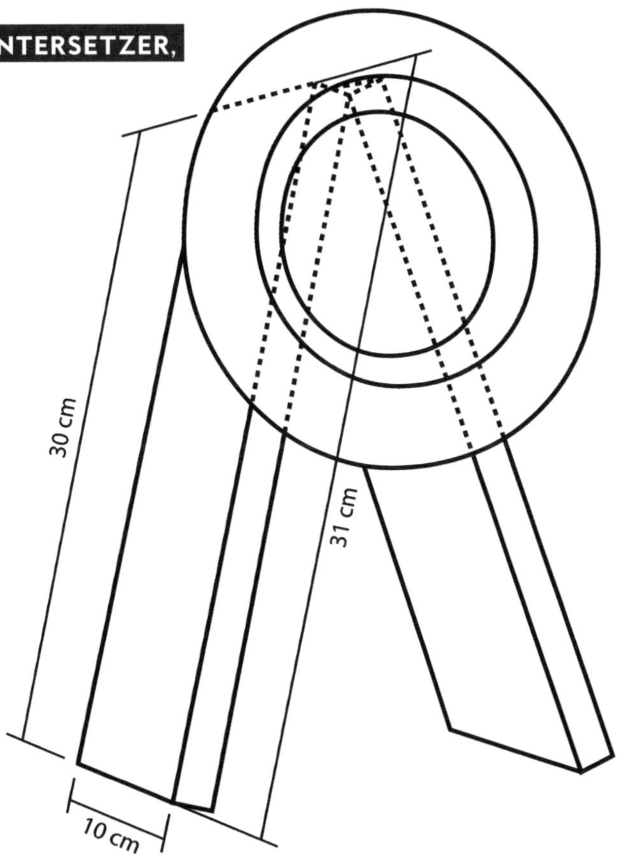

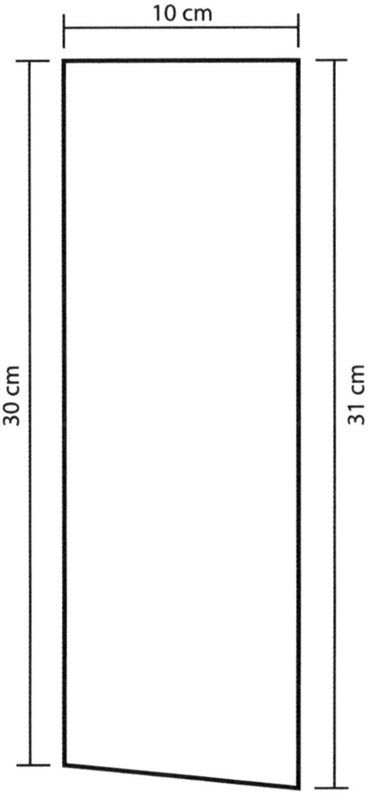

TABLETT LÖFFEL, SEITE 64

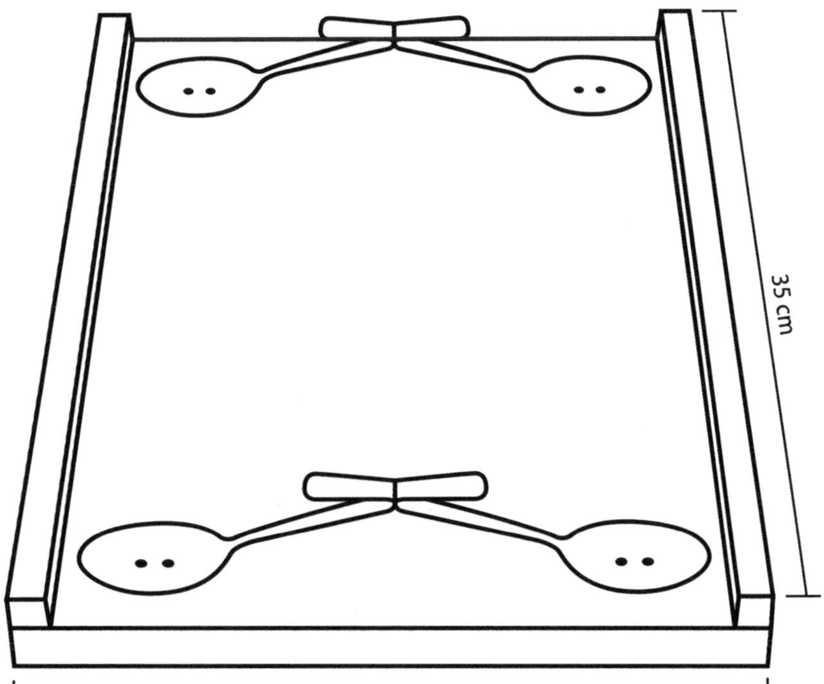

SOFATISCH SKATEBOARD, SEITE 48

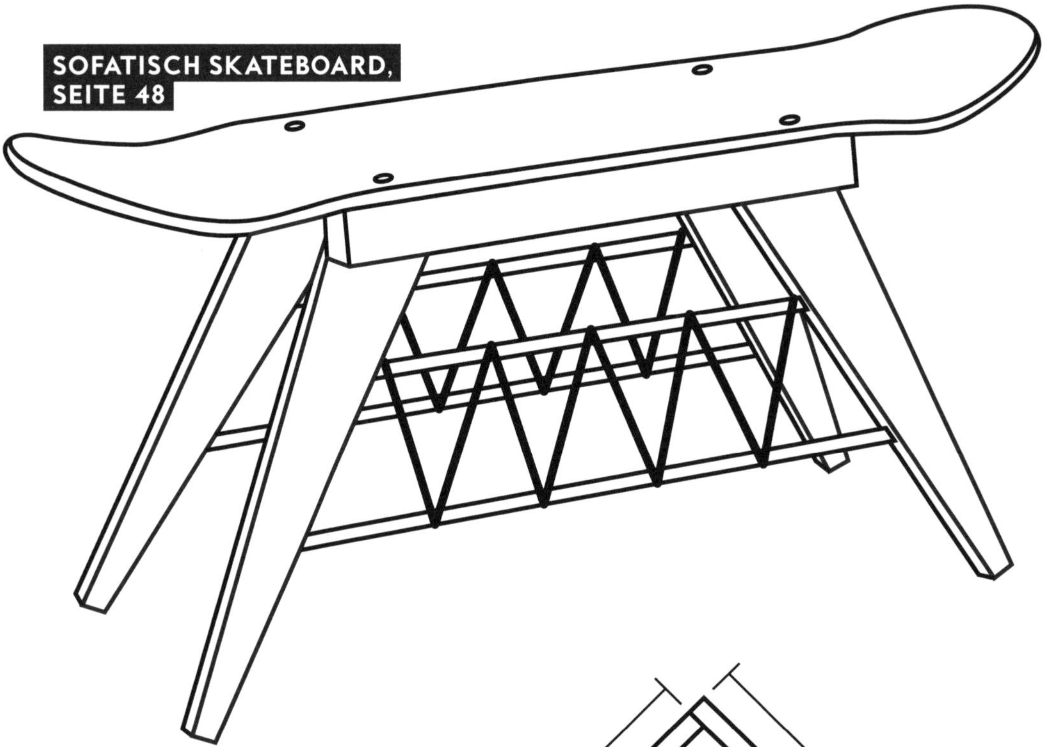

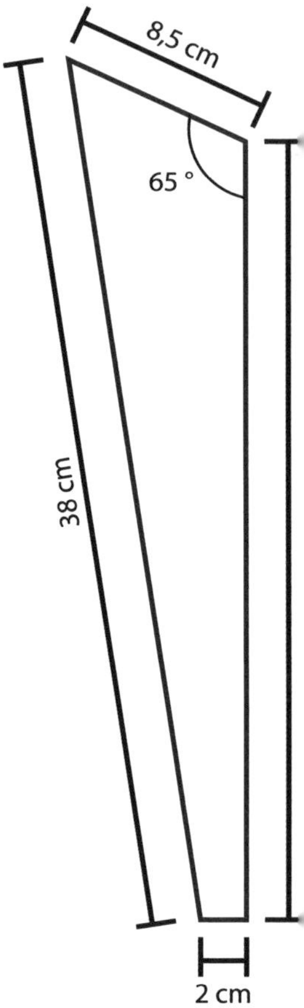

WANDUHR BILDERRAHMEN, SEITE 52

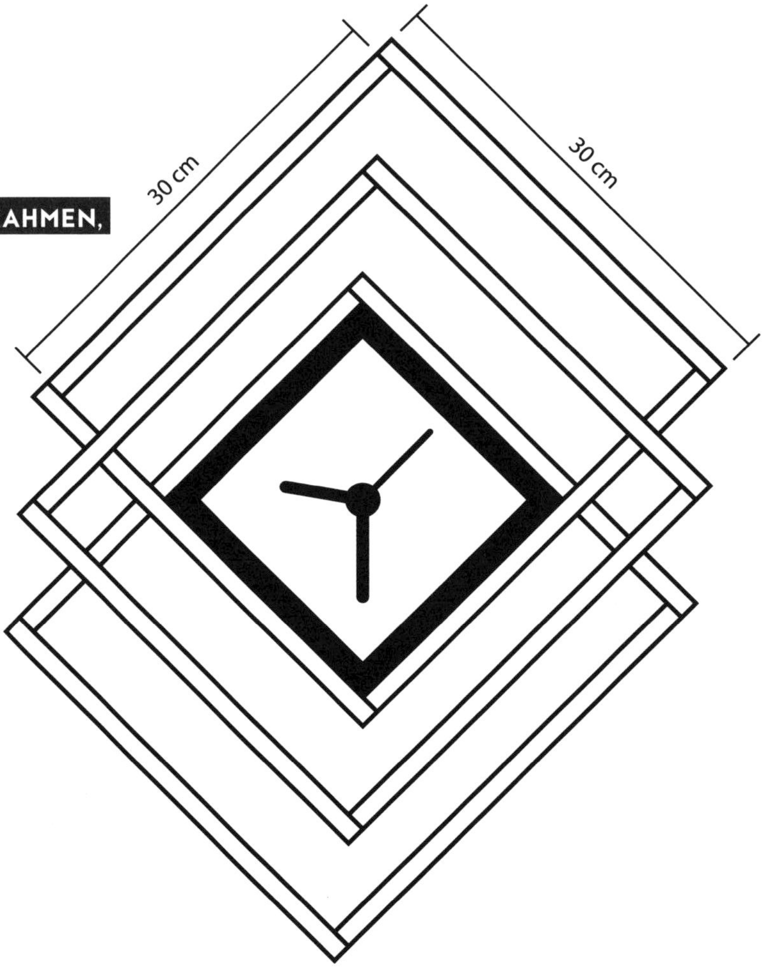

LAMPE ABTROPFSIEB,
SEITE 56

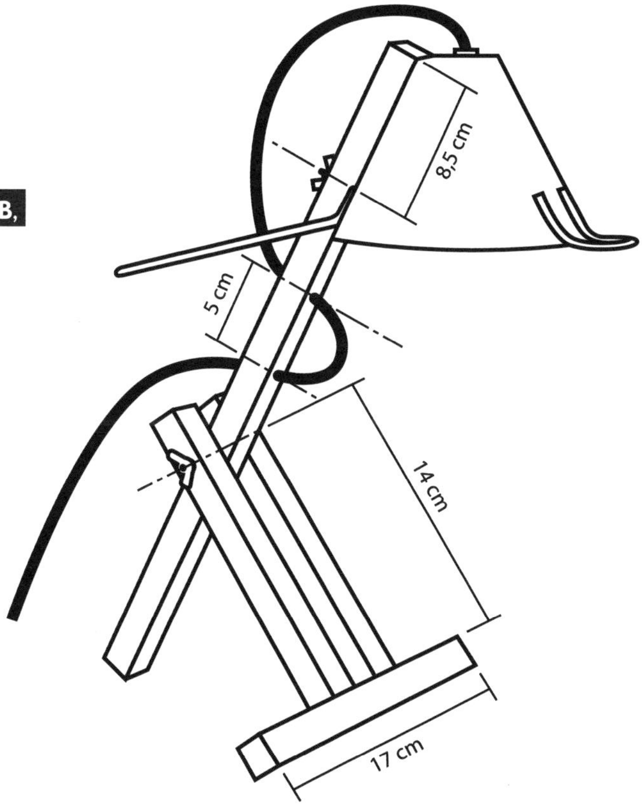

HAKEN GARNSPULEN,
SEITE 68

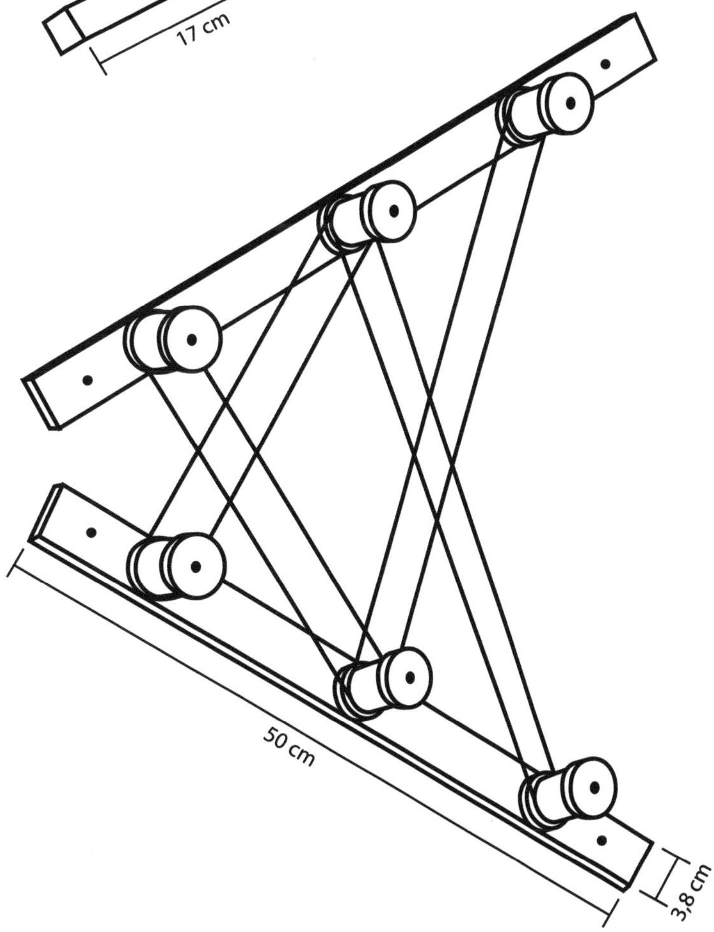

POSTABLAGE GABELN,
SEITE 72

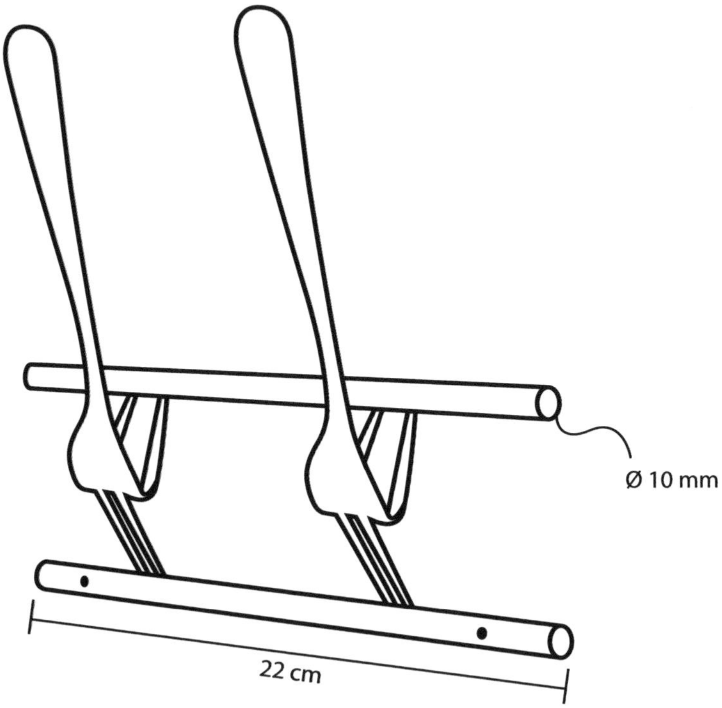

KERZENSTÄNDER WASSERHÄHNE,
SEITE 76

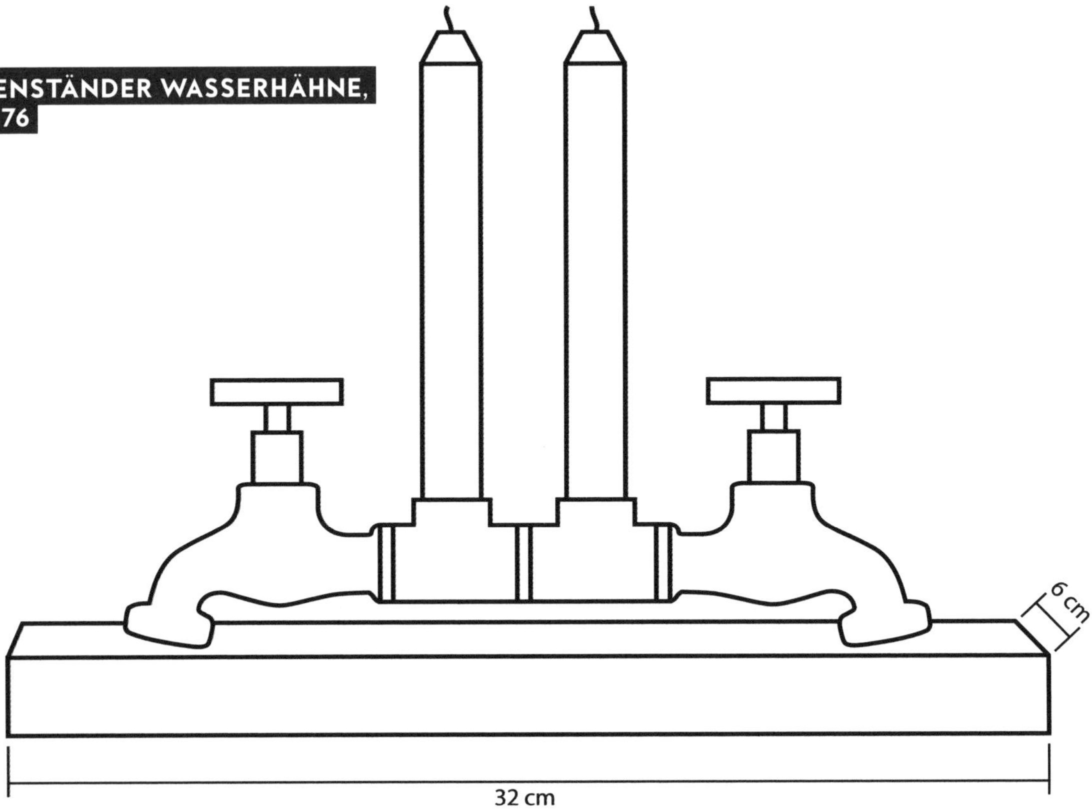

ZEITUNGSSTÄNDER PINSEL, SEITE 84

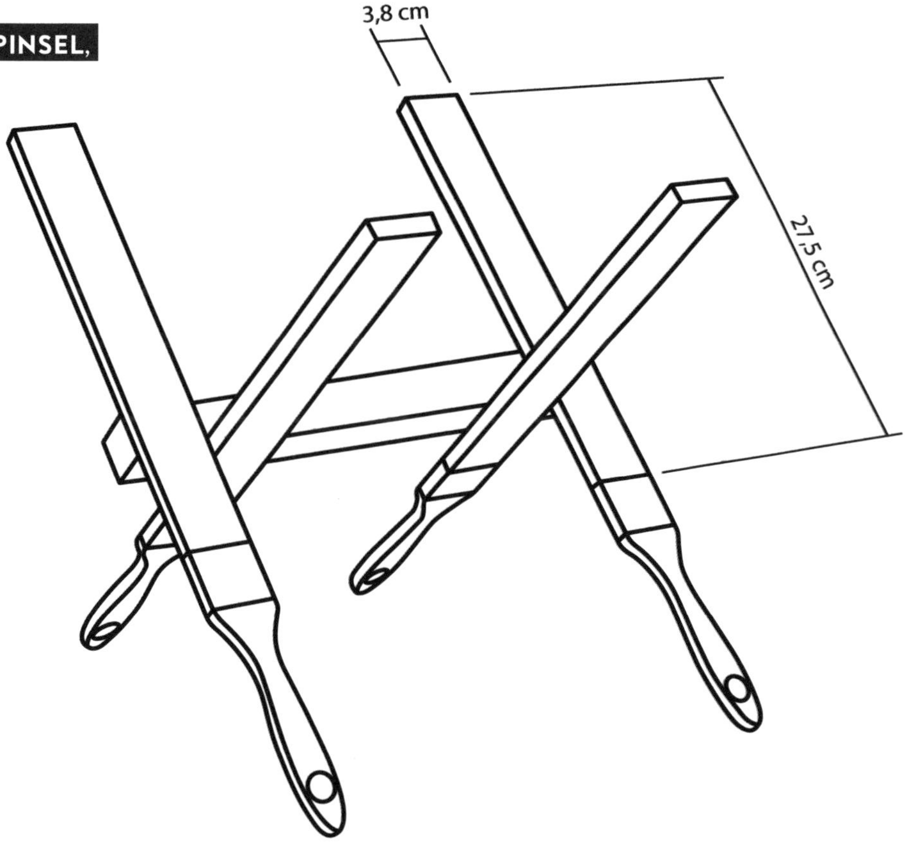

VASE STICKRINGE, SEITE 92

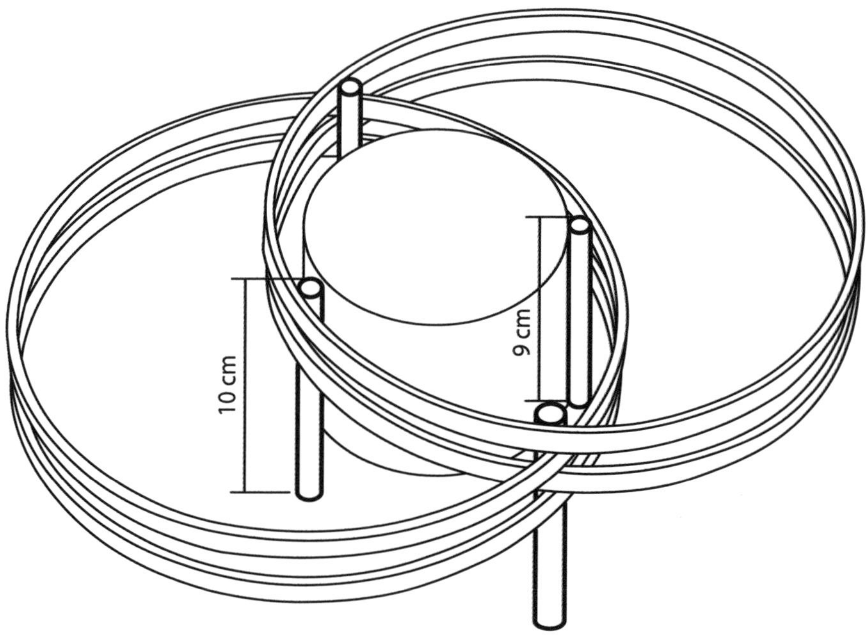

PFLANZENSÄULE TASSE, SEITE 80

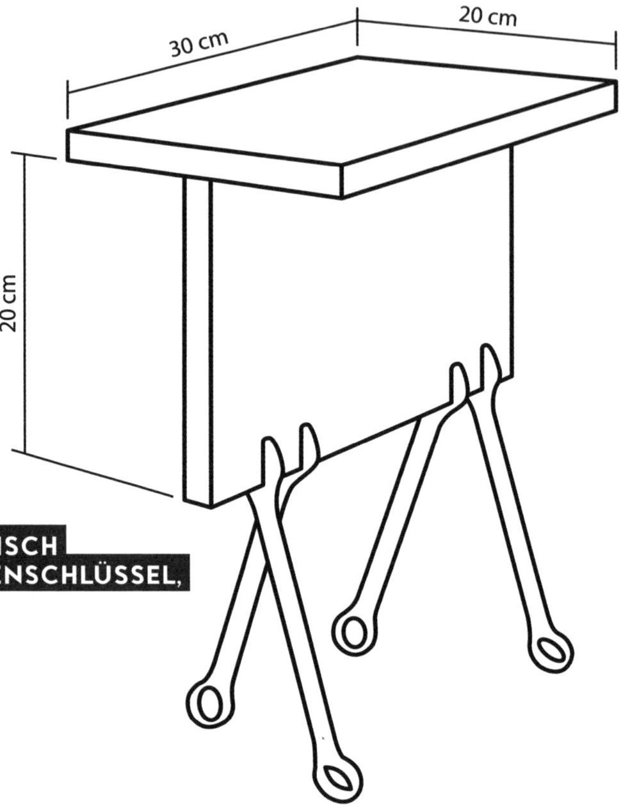

BEISTELLTISCH SCHRAUBENSCHLÜSSEL, SEITE 88

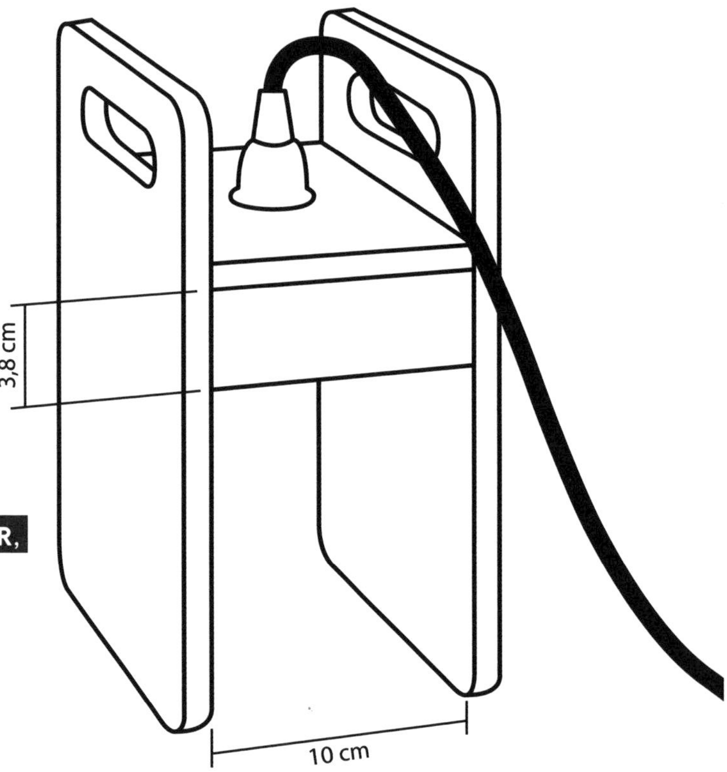

LAMPE SCHNEIDEBRETTER, SEITE 100

TISCHCHEN STEHSAMMLER, SEITE 104

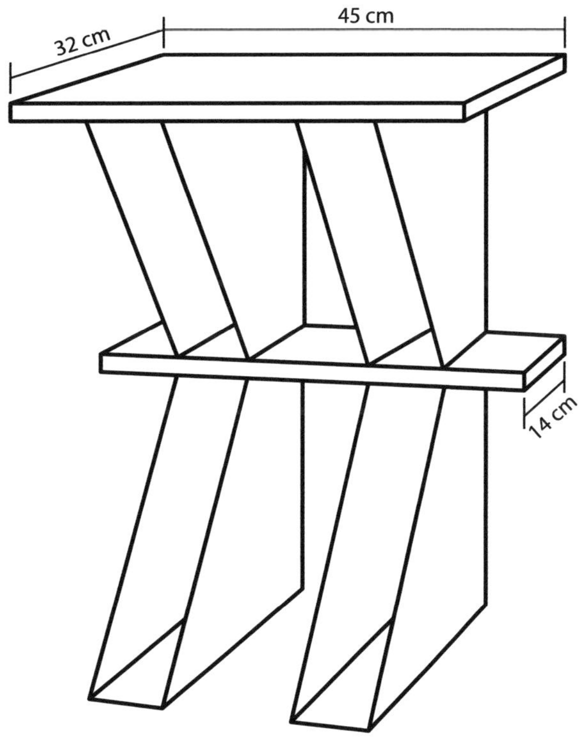

LAMPE GIESSKANNE, SEITE 96

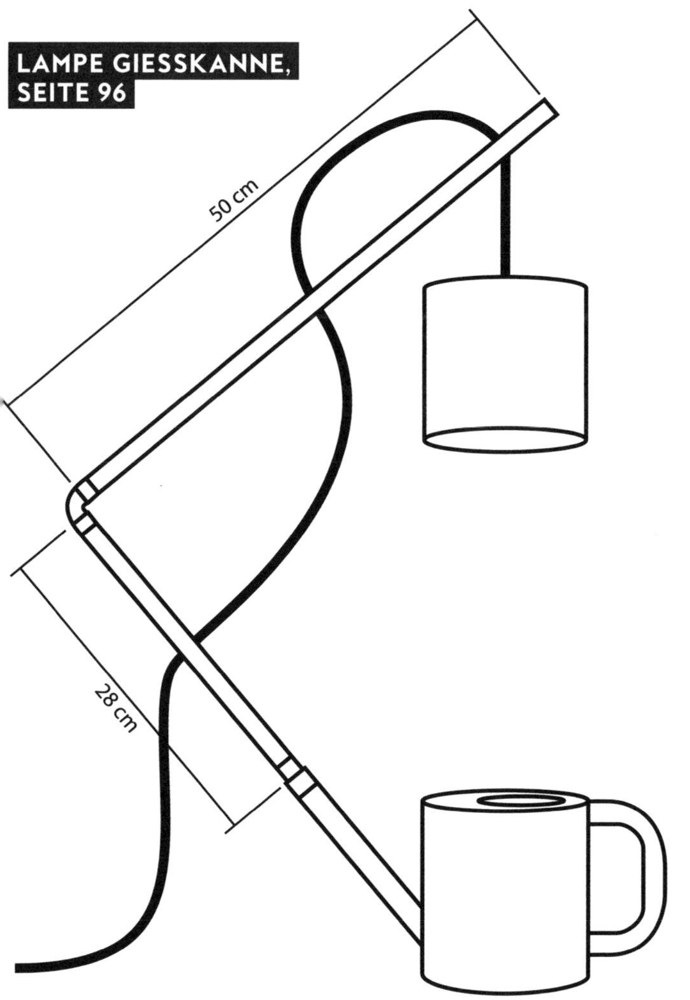

TECHNIK-TIPPS

HIER FOLGEN VIER NÜTZLICHE TECHNIK-TIPPS, DIE DER HOBBY-HANDWERKER BEI DER ANFERTIGUNG DER PROJEKTE BEFOLGEN SOLLTE!

TEILE VERSCHRAUBEN

WERKZEUG

- Akku-Bohrmaschine
- Holzbohrer
- Kegelsenker

MATERIAL

1 Schraube
1 Brett
Holzpaste in der Farbe des Holzes

1

Bevor eine Schraube in ein Brett geschraubt wird, zuerst ein Loch mit einer Bohrmaschine und einem Holzbohrer, der einen kleineren Durchmesser als die Schraube hat, vorbohren.

2

Das Loch mit dem Kegelsenker ausfräsen.

3

Die Schraube einschrauben.

4

Die Schraube mit Holzpaste abdecken.

EINE LAMPENFASSUNG **AN EIN KABEL ANSCHLIESSEN**

WERKZEUG

- 1 Spannungsprüfer
- 1 Abisolierzange
- 1 Kneifzange

MATERIAL

1 Fassung E14 mit Schraubring
1 Elektrokabel
1 Zugentlastung

1 Die Fassung auseinandernehmen.

2 Den unteren Teil der Zugentlastung auf das Gehäuse der Fassung schrauben.

3 Das Elektrokabel hindurchstecken. Mit einer Abisolierzange die Ummantelung der Innenkabel ein Stück weit entfernen.

4 Die Kabelenden in die Lüsterklemme stecken und festschrauben.

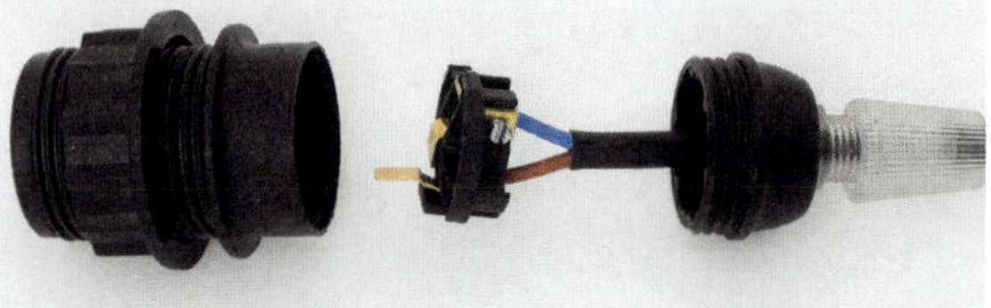

5 Die Lüsterklemme in das Gehäuse der Fassung stecken und die Fassung wieder zusammenschrauben. Den zweiten Teil der Zugentlastung festschrauben, um das Kabel zu sichern.

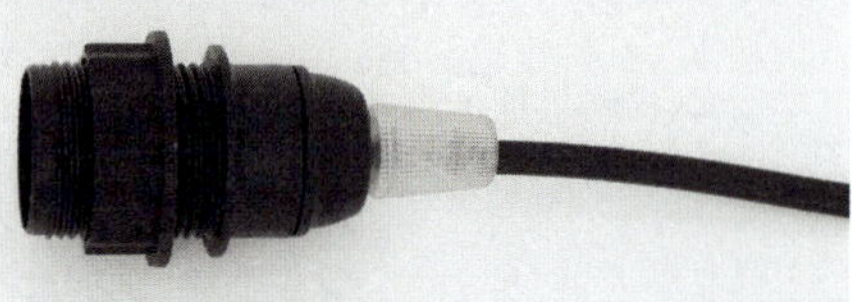

EINEN STECKER AN EIN KABEL ANSCHLIESSEN

WERKZEUG

- 1 Spannungsprüfer
- 1 Abisolierzange
- 1 Kneifzange

MATERIAL

1 Elektrostecker
1 Elektrokabel

1 Den Stecker auseinandernehmen.

2 Das Kabel durch das Gehäuse schieben. Mit einer Abisolierzange die Ummantelung der Innenkabel ein Stück weit entfernen.

3 Die Kabelenden in die Schraubklemme stecken und festschrauben. Die Zugentlastung einsetzen.

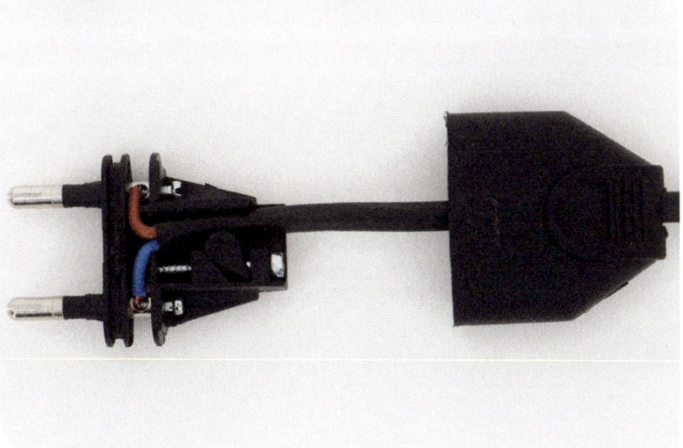

4 Den Deckel des Steckers aufsetzen.

EINEN SCHALTER
AN EIN KABEL MONTIEREN

WERKZEUG

- 1 Spannungsprüfer
- 1 Abisolierzange
- 1 Kneifzange

MATERIAL

1 Schalter
2 Elektrokabel

1 Die Schrauben am Gehäuse des Schalters lösen.

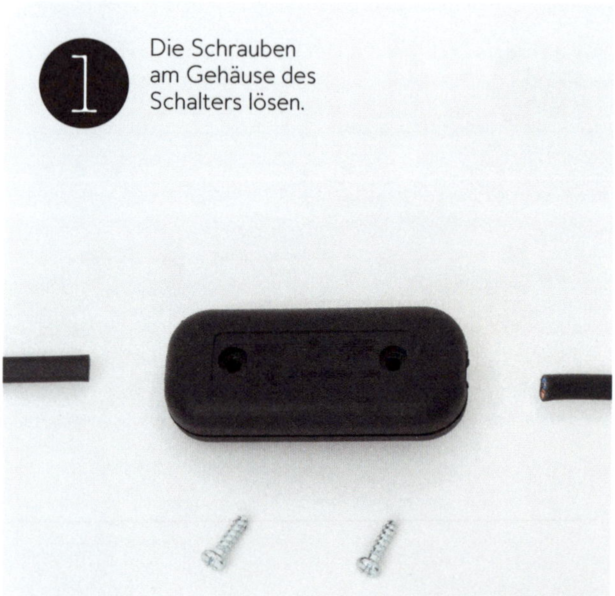

2 Den Schalter auseinandernehmen und mit einer Abisolierzange an einem der Kabel die Ummantelung der Innenkabel ein Stück weit entfernen.

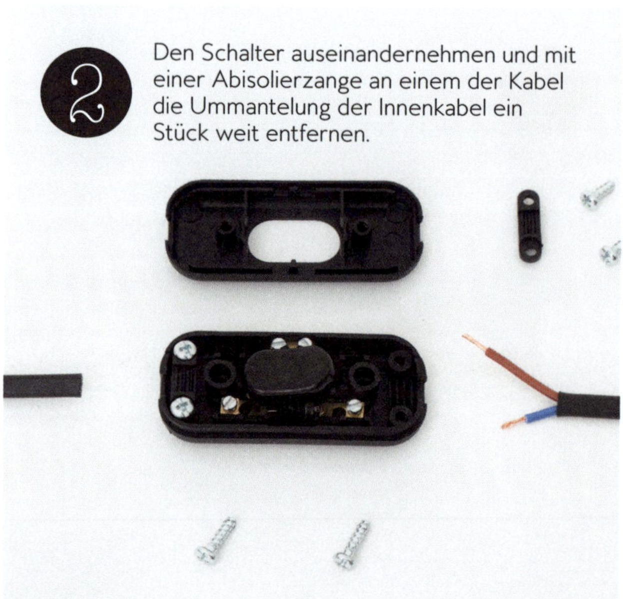

3 Die Kabelenden in die Schraubklemmen stecken und festschrauben.

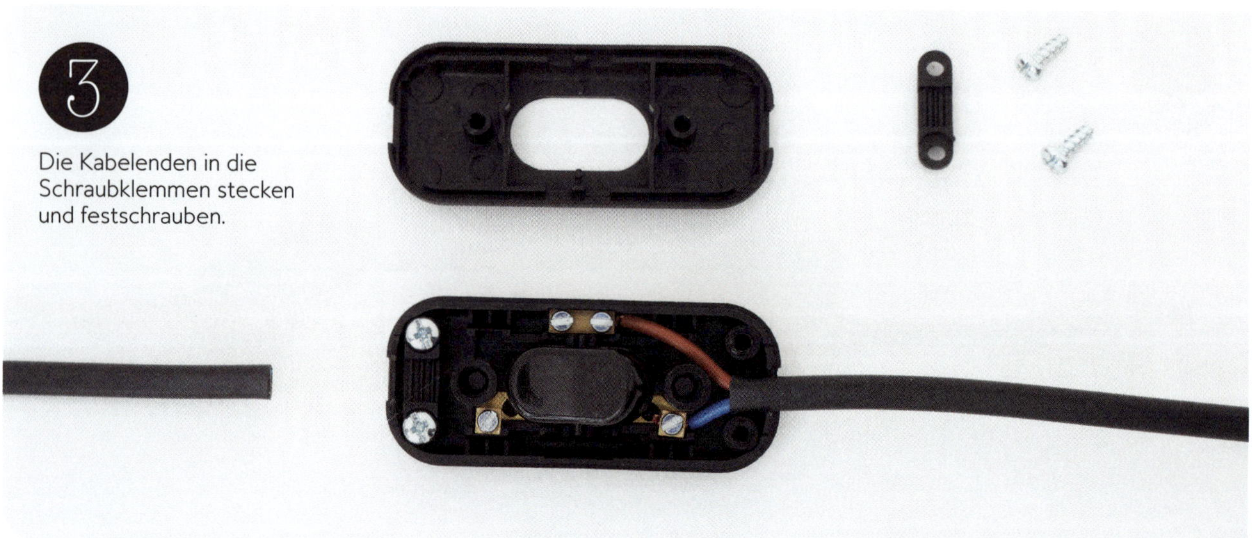

4 Die Zugentlastung festschrauben.

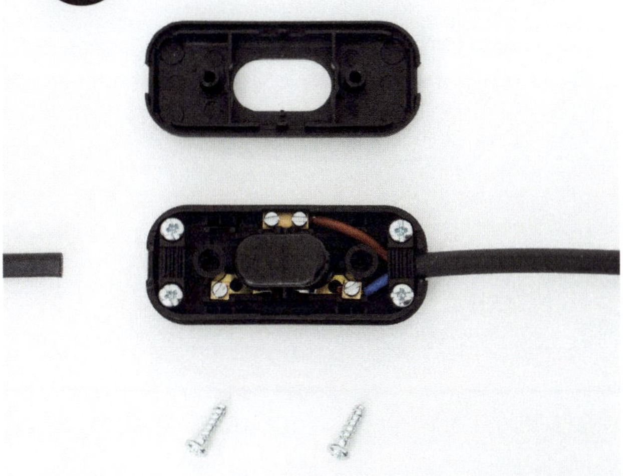

5 Mit der Abisolierzange an dem anderen Kabel die Ummantelung der Innenkabel ein Stück weit entfernen.

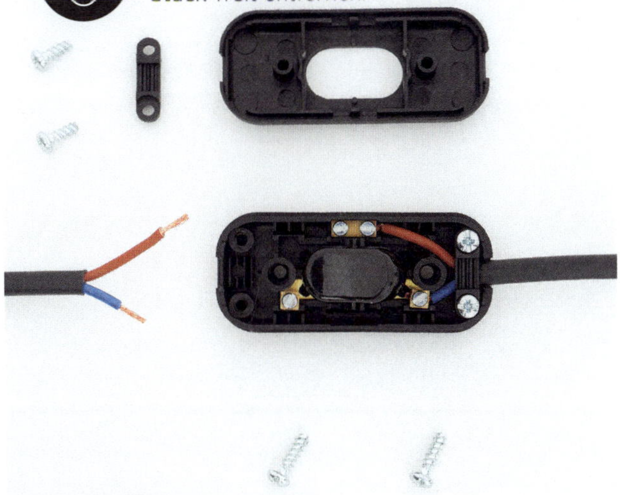

6 Die Kabelenden in die Schraubklemmen stecken und festschrauben.

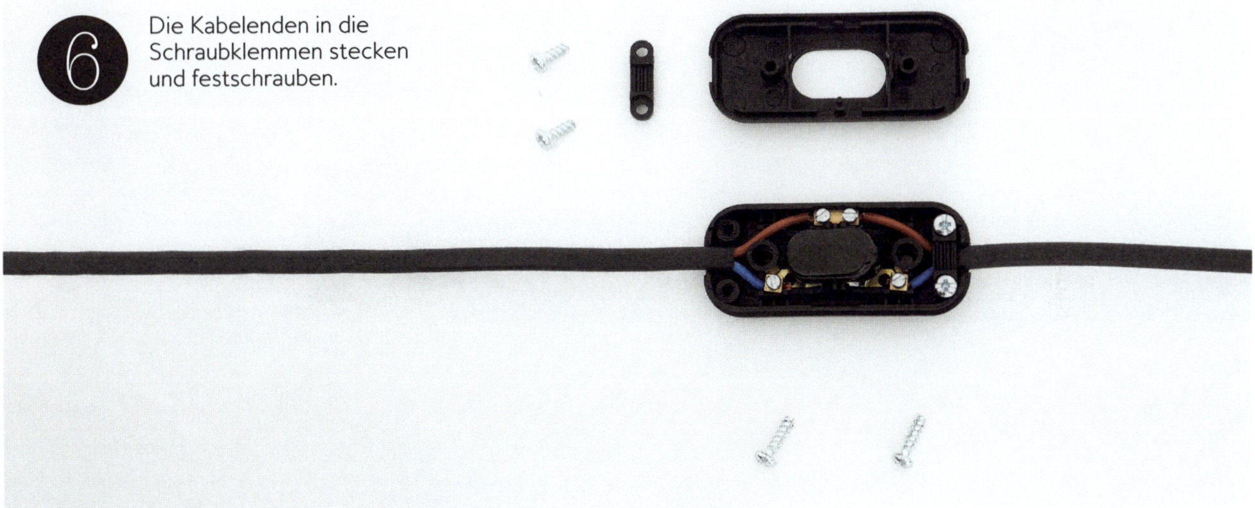

7 Die Zugentlastung festschrauben.

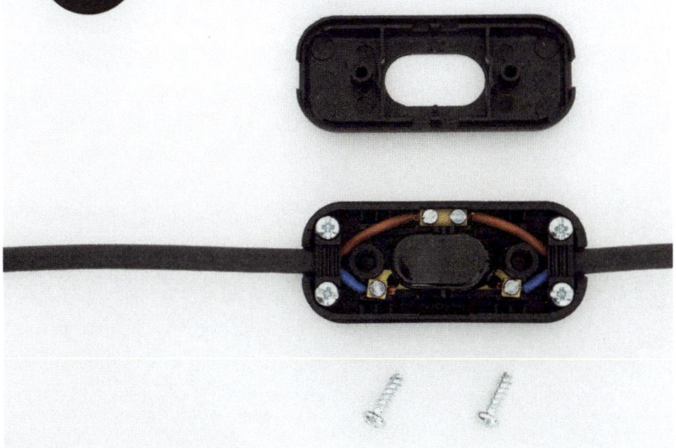

8 Den Deckel des Schalters aufsetzen und festschrauben.

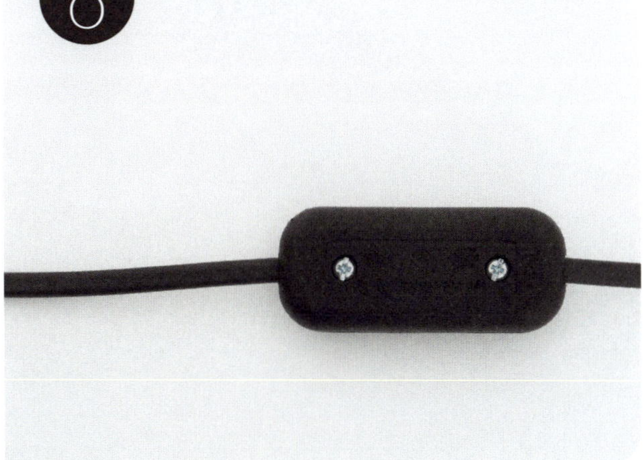

Impressum

Originalausgabe unter dem Titel Mobilier design en moins d'l heure: + de 20 projets : lampes, miroirs, petites tables et autres meubles erschienen bei:

Édité par Hachette Livre
(58, rue Jean Bleuzen - 92178 Vanves Cedex)

Dépôt légal: octobre 2020

Layout: Sophie Villette
Umsetzung: Dominique Montembault
Illustrationen: Shutterstock

Für die deutsche Ausgabe:
Produktmanagement: Xenia Kuczera
Übersetzung: Dr. Katrin Korch
Lektorat: A. Reuss
Satz: Martin Jablonka
Umschlaggestaltung: Sophie Schillo
Herstellung: Bettina Schippel, Kathleen Baumann

Printed in Slovakia by Neografia

Die Deutsche Nationalbibliothek verzeichnet diese Publikation in der Deutschen Nationalbibliografie; detaillierte bibliografische Daten sind im Internet über http://dnb.d-nb.de abrufbar.

Infanteriestraße 11a
D - 80797 München

ISBN 978-3-8388-3791-8

★★★★★

Sind Sie mit diesem Titel zufrieden? Dann würden wir uns über Ihre Weiterempfehlung freuen. Erzählen Sie es im Freundeskreis, berichten Sie Ihrem Buchhändler oder bewerten Sie bei Onlinekauf. Und wenn Sie Kritik, Korrekturen, Aktualisierungen haben, freuen wir uns über Ihre Nachricht an: Christian Verlag, Postfach 40 02 09, D-80702 München oder per E-Mail an lektorat@verlagshaus.de.

Unser komplettes Programm finden Sie unter

www.christophorus-verlag.de

Kreativ-Service

Sie haben Fragen zu den Büchern und Materialien? Frau Erika Noll ist für Sie da und berät Sie rund um alle Kreativthemen. Rufen Sie an! Wir interessieren uns auch für Ihre eigenen Ideen und Anregungen.
Sie erreichen Frau Noll per E-Mail: mail@kreativ-service.info oder Tel.: +49 (0) 5052/911858

Besuchen Sie uns im Internet: www.christophorus-verlag.de